高效记忆的 10堂课

高强 覃雷 张哲 著

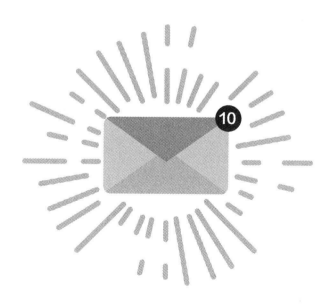

中国纺织出版社有限公司

内 容 提 要

"记忆大师"高强、覃雷和张哲，联手带来《高效记忆的10堂课》。本书精炼出提升记忆能力的3种主流方法：故事法、数字法和定位法。故事法通过联想，将难记的抽象信息转化为容易记的形象信息；数字法化繁为简，将杂乱的各类信息归纳为统一的数字类型；定位法俗称记忆宫殿，能帮助我们记忆大量信息。3种方法综合应用，记忆不再是困扰。本书抛弃烦琐复杂的理论细节，通过10堂课，在案例的实践练习中，直接带领读者入门和上手。

千里之行，始于足下。只有打好记忆法的基础，并且不断应用、复习才能最终掌握记忆法。希望阅读本书的读者都能够提升自己的记忆能力！

图书在版编目（CIP）数据

高效记忆的10堂课／高强，覃雷，张哲著. -- 北京：中国纺织出版社有限公司，2022.4
ISBN 978-7-5180-9340-3

Ⅰ . ①高… Ⅱ . ①高… ②覃… ③张… Ⅲ . ①记忆术 Ⅳ . ①B842.3

中国版本图书馆CIP数据核字（2022）第023347号

责任编辑：郝珊珊　　责任校对：高 涵　　责任印制：储志伟

中国纺织出版社有限公司出版发行
地址：北京市朝阳区百子湾东里A407号楼　邮政编码：100124
销售电话：010—67004422　传真：010—87155801
http://www.c-textilep.com
中国纺织出版社天猫旗舰店
官方微博 http://weibo.com/2119887771
北京通天印刷有限责任公司印刷　各地新华书店经销
2022年4月第1版第1次印刷
开本：710×1000　1/16　印张：12
字数：164千字　定价：39.80元

目录
CONTENTS

第四章
英文类型信息记忆

第一章

记忆的原理
CHAPTER 1

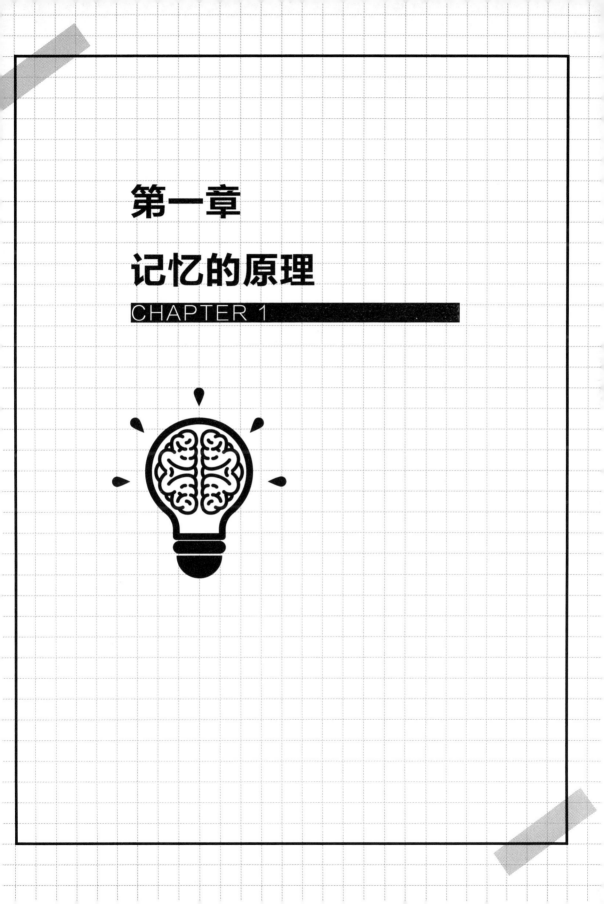

说到记忆力，我们经常会听到这样的话："某某家孩子天生记忆力好"。在很多人的印象中，记忆力是天生的，很难通过后天的努力去改变。在笔者获得"记忆大师"称号之前也曾怀疑过自己能否成功，因为自己从小记忆力就比较差，而真正走上这条路以后，才知道记忆力可以通过后天的系统训练得到提高。

通过训练来提高记忆力到底是怎么一回事呢？打个比方，一个人要从武汉到北京，可以选择不同的方式，有步行、火车、高铁、飞机等，运用不同的方式到达北京所用的时间会不一样。记忆也是如此，靠死记硬背，就如同步行；而当运用了高效记忆的方法，记忆效率就会得到极大的提升，就像坐飞机去北京一样，时间会大幅缩短。所谓的提高记忆力，其实是改变了记忆的方式，从死记硬背改换到运用记忆方法去记忆。

第一节　记忆的概念及分类

首先，我们来看一下记忆到底是什么。记忆可以分为"记"和"忆"两部分，它是由识记、保持和回忆三个环节组成的，这三个环节缺一不可。识记是保持的前提，没有保持也就没有回忆，而回忆又是检验识记和保持效果好坏的指标。同时根据记忆材料保存时间的长短我们把记忆分为瞬时记忆、短时记忆和长时记忆。

瞬时记忆又叫感觉记忆，这种记忆是指作用于人们的刺激停止后，刺激信息在感觉通道内的短暂保留。信息的保存时间很短，一般在0.25～2秒。瞬时记忆的内容只有经过注意才能被意识到，进入短时记忆。

短时记忆是保持时间大约在1分钟之内的记忆。据L.R.彼得逊和M.J.彼得逊的实验研究，在没有复述的情况下，18秒后回忆的正确率就下降到10%左右，1分钟之内记忆内容就会衰退或消失。有人认为，短时记忆也是工作记忆，是一种为当前动作而服务的记忆，即人在工作状态下所需记忆内容的短暂提取与保留。

短时记忆有3个特点：

1.记忆容量有限，据米勒的研究为7±2个组块。"组块"就是记忆单位，组块的大小因人的知识经验等的不同而有所不同。组块可以是一个字、一个词、一个数字，也可以是一个短语、句子、字表等。

2.短时记忆以听觉编码为主，兼有视觉编码。

3.短时记忆的内容一般要经过复述才能进入长时记忆。

长时记忆指信息经过充分的和有一定深度的加工后，在头脑中长时间保留下来的记忆。从时间上看，凡是在头脑中保留时间超过1分钟的记忆都是长时记忆。长时记忆的容量很大，所存储的信息也都经过意义编码。我们平时常说的记忆好坏，主要是指长时记忆。

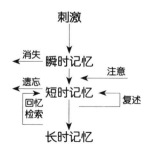

第二节　遗忘的定义及规律

与记忆相对应的就是遗忘。心理学认为：识记过的内容在一定条件下不能或错误地恢复和提取都叫遗忘。通俗地说，就是记住了回想不起来或者回想得不完整都称为遗忘。

遗忘分为暂时性遗忘和永久性遗忘，前者指在适宜条件下还可能恢复记忆的遗忘，后者指不经重新学习就不可能恢复记忆的遗忘。比如你小学同班同学的名字和长相，经过一定的提醒能想起来的称为暂时性遗忘。小学不同班只有过一面之缘的同学，提醒一下也想不起来的称为永久性遗忘。

遗忘曲线由德国心理学家艾宾浩斯（H. Ebbinghaus）研究发现，描述了人类大脑遗忘的规律。人们可以从遗忘曲线中掌握遗忘规律并加以利用，从而提升自我记忆能力。该曲线对人类记忆认知研究产生了重大影响。

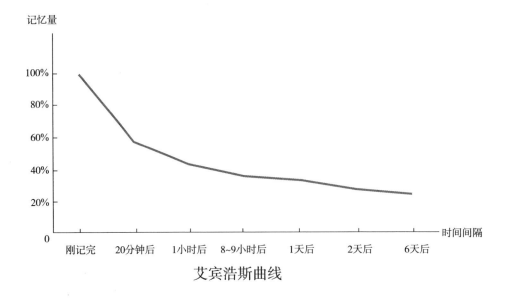

艾宾浩斯曲线

第三节 记忆方法的原理

在了解记忆方法的原理之前，请大家看下面两组信息：

青 清 请 情 晴——猜

其 琪 棋 祺 欺 期——箕

人类大脑在识别一个东西的时候，第一反应是认不认识，遇到不认识的知识就会和大脑里认识的知识对比。前面的字读音差不多，我们本能地会想后面的字也是一样的读音。其实高效记忆法也是类似的过程：运用熟悉的事物对陌生的信息进行想象和联想，用逻辑、非逻辑思维创造联结，从而帮助记忆。

通俗地说就是运用想象和联想，把陌生的知识和熟悉的事物联系起来，达到以熟记生的效果。

想要做到以熟记生，就需要发挥我们的想象力和联想力。想象力是能在大脑中想象出一个事物的图像、声音、味道、触感等，从而达到身临其境的体验。比如，说起火车，马上就想象出各种各样的火车形象、声音、质感等。想象力是在头脑中"描绘"画面的能力，就像是一支画笔，凭借人的意志，什么东西都可以在头脑里"画"出来。联想是因一事物而想起与之有关事物的思想活动，是由于某人或某种事物而想起其他相关的人或事物，或者某一概念而引起其他相关的概念。通俗地说就是从一个东西想到另一个东西。

联想和想象有相同之处，也有不同之处，联想是想象的基础，想象是联想的升华，正是因为有这样的联系，人们常常将两者混在一起使用。

记忆方法简单地说就是让我们的识记信息过程更有趣，给大脑的刺激更大，以使记忆保持的时间更长，回忆的时候能有线索的方法。

那到底什么样的信息记忆更牢固呢？我们来尝试记住下面两组信息：

A：彩虹　窗帘　书包　电脑

B：非常　所有　特别　是以

第一组的4个词语都是很容易出现画面的形象词，而第二组都是不容易出现画面的抽象词，同样是8个字，第一组信息会比第二组信息记得牢，大脑印象也更加深刻。

通过上面的例子，我们可以发现形象、具体的信息比抽象的信息好记，而且保持的时间比较久。记忆法也正是运用了这个原理，把抽象的信息转化为形象的信息，从而提高记忆的效果。

在记忆文字信息的时候，有各种类型的词语，如名词、动词、形容词等，有的词语是具体、形象的，直接联想词语对应的画面即可；而有的是抽象的，无法直接联想出画面。对于后者，我们可以用以下的方法将其转化成形象的画面：

方法一：谐音

谐音法就是通过抽象词语的读音联想到与之相同或相近的具体词语，然后联想出图像。

举例：

氧——羊

唐——糖

进步——金布

希望——洗碗

当之无愧——当只乌龟

所向披靡——说橡皮泥

这里提供一个谐音小技巧，如果你想不出来谐音，可以利用手机或者电脑的拼音输入法。比如"非常"的拼音是feichang，输入以后会找到同音的形象词"肥肠"。

方法二：代替

代替指以乙换甲，用一个东西代替另一个东西，上述谐音也是代替的一种，因为使用频率比较高，故单独算一种，这里的代替指的是用形状和特殊意义等方法来代替。

举例：

0——鸡蛋（形状）

61——儿童（特殊意义：六一儿童节）

锻炼——哑铃

端午——粽子

武汉——热干面

长沙——臭豆腐

加拿大——枫叶

平等——天平

同一个词语，不同的人可以想到不同的替代词，比如"武汉"的替代词除了"热干面"还可以是"黄鹤楼"。

方法三：增减字

例如："福利"，增加一个字变成"福利院"，大脑里有一个院子的图像；"练习"，增加一个字变成"练习册"，出现练习册的图像。

对于有些词语，还可以使用减字法，例如："蛋白质"，减去一个字变成"蛋白"，出现蛋白的图像。经过笔者多年的实践发现，增加字相对于减少字来说使用的频率要高一些。

方法四：倒字

例如："雪白"，倒过来就是"白雪"；"带领"，倒过来就是"领带"。

这个方法相对来说用得比较少。

在实际操作中，我们也可以把以上4种方法综合起来。把抽象词转化成形象词是学习记忆法非常重要的一个基础能力，一定要多加练习。大家可以每天抽出几分钟的时间进行抽象词的联想训练。

练习材料

运用一种或者多种方法将下列词语转化为形象词：

转化前	转化后	转化前	转化后	转化前	转化后	转化前	转化后
仰望		专属		开心		驳回	
逃走		首先		争议		小故障	
舒适		毅力		强劲		神秘	
对待		尾声		证明		人家	
能力		紧急		探究		协会	
精确		不觉		自由		编写	
接踵而至		祥和		调速		汇率	
特地		辩驳		配合		抵达	
助手		试玩		音色		哀愁	
氢气		排练		临床		事半功倍	
前代		交通		倘若		此时	
法则		早期		少数		决赛	
随后		一方面		郑重		对策	
内心		现代		思绪		碍事	

（续表）

转化前	转化后	转化前	转化后	转化前	转化后	转化前	转化后
押解		精神文明		恐怖			
皮质		强行		税款			
毁容		指出		良方			
习俗		方面		从众			
测算		保险		形容			
离开		失利		翱翔			
僻静		苛刻		激励			
大批		多半		适当			
大会		错误		多谢			
力气		拼搏		风险			

大家在生活中，可以多留意一些人名、地名等词语，不断练习，抽象转化形象的能力就能得到提升，并且速度也会变快。

掌握了抽象转形象的方法，我们也可再学习一些技巧，让联想的过程更加有趣，记忆的效果也会更好，具体如下：

技巧一：夸张奇特

我们看看下面的对比：

A	B
他很瘦。	他骨瘦如柴。
他的白发很长。	白发三千丈。
他的手很长。	手可摘星辰。

通过观察发现，A很普通，B很夸张，而我们对于夸张的东西会记忆得比较牢固。夸张可以分为三种形式：扩大夸张、缩小夸张和超前夸张。

扩大夸张是指故意把客观事物说得"大、多、高、强、深……"例如：

他的嘴巴张得很大，大得能塞进去一头猪。（大）

一万只蚊子咬我。（多）

危楼高百尺。（高）

缩小夸张是指故意把客观事物说得"小、少、低、弱、浅……"例如：

这个国家还没有我们县大。（小）

滴水不漏。（少）

他的力气和蚂蚁一样。（弱）

超前夸张是指在时间上把后出现的事物提前一步。例如：

按这个趋势长下去，这娃还没成年就2米高了。

果园里花蕾满枝，预示着秋天果实累累。

运用夸张奇特法联想出来的内容有些是符合逻辑的，有些则是不符合逻辑，在现实生活中不可能发生的。但是无论是否符合逻辑，我们的目的只有一个：联想出有趣的故事画面帮助自己更好地记忆。

练习材料

夸张前	夸张后
他很高。	
他很胖。	
铃铛很响。	

技巧二：主动出击

请看下面的两对信息，并选出你认为印象更深刻的一组：

A	B
树上站着一只猫头鹰。	猫头鹰拍了拍自己的翅膀，飞到一棵树上，紧紧抓住了树干。
鸡蛋放在椅子上。	鸡蛋砸中了椅子，鸡蛋碎了，蛋黄、蛋清流到椅子上。

通过对比我们发现，有一个动作，我们也会印象更加深刻，记得更牢固。

记忆大师在记忆数字的过程中，一般都会给数字编码配一个动作。常见的动作有走、跑、跳、投掷、攀登、打、砸、烧、煮、拥抱、缠绕等，大家学完后面的数字编码，再回来此处试着把这个表格补完。

数字	编码	动作	结果
01	小树	树干抽打	打红
02	铃儿	震动	震碎
03	三角凳	砸	砸扁
04	小汽车	撞	撞凹
05	手套	抓	挤压变形
06			
07			
08			
09			
10			
11			
12			
13			
14			

（续表）

数字	编码	动作	结果
15			
16			
17			
18			
19			
20			

技巧三：合二为一

合二为一就是把两个事物结合到一起，创造一个在现实生活中可能不会出现的"新物品"，比如下面的两张图片，你能想到什么呢？

同样的例子还有很多：鸡蛋+椅子=鸡蛋壳焊的椅子，鸡+壶=长得像鸡的水壶，杯子+船=杯子粘成的船，手机+兔子=手机长兔毛，运用合二为一的方法，可以创造出许多类似的新事物，非常有趣，这些联想出来的画面也可以帮助我们更好地记忆。

技巧四：关己

关己，指和自己有关。把自己带入故事中，加入主角光环，可以让记忆更深刻，比如同样是丢了一万块钱，想象别人丢了钱和自己丢了钱，两者的记忆效果完全不同。

以上4种技巧都不是独立存在的，可以多种方法综合使用。

关于词语的联想，笔者再教给大家一个非常简单的训练方法：大家可以拿出一张纸，在纸上写一两个词语，然后尽可能多地在纸上写出由这两个词语可以联想到的内容，不断坚持练习，联想的能力就可以得到提升。

第四节　对抗遗忘的方式——复习

笔者把记忆方法分为两大类，第一类是传统的死记硬背，第二类是创新记忆法。创新记忆的方法是传统方法的一个补充，我们在用传统的方法很难记忆的情况下，可以用创新记忆法记忆。

例如，记忆整本《道德经》《新华字典》《成语词典》《英汉词典》等大量信息的时候，用传统的方法几乎无法记下来，这时就可以使用创新记忆法。

前面我们讲过传统记忆的遗忘规律，学习过记忆方法以后，也会存在遗忘的情况，但相对来说会遗忘得慢很多。

复习指再一次学习，把以前遗忘的知识记起来。重复学习过的东西，我们的印象更加深刻，在脑海中存留的时间更长一些。我们根据使用频率，可以把知识分为临时使用、偶尔使用和经常使用，不同的使用情况有不同的复习策略。无论是否运用记忆方法，都需要通过不断地复习来帮助减少遗忘。

使用频率	临时使用	偶尔使用	经常使用
复习策略	记完复习	记完复习	记完复习
	用前复习	当天复习	当天复习
		偶尔复习	当周复习
		用前复习	有空复习
			用前复习

复习根据复习方式分为主动复习和被动复习。主动复习就是拿着内容主动去看；被动复习就是在运用的过程中临时被动想起来了某个内容。比如乘法口诀表，主动复习就是从头开始背，被动复习可以是别人提问，做练习题等。主动复习和被动复习两者相辅相成。

运用记忆方法的优势就在于，无论是主动还是被动，记忆的时候都能更轻松，同时复习的时候效率会更高。

本章为大家介绍了记忆法相关的原理，相信大家对记忆法已经有了初步的认识。在生活和学习中，我们要记忆的信息类型大致可以分为4大类：数字、文字、外语（英文为主）和图片。从下一章开始，我们将正式进入记忆法的实战。

第二章

数字信息记忆

CHAPTER 2

第一节　数字记忆启蒙

现在我们正式进入第一大板块——数字信息的记忆。

在开始之前，先考一考各位读者的记忆力如何。笔者罗列出了5个物品，请读者在尽可能短的时间内将这5个物品的名称和顺序记忆下来。你也可以拿出手机或者秒表，记录下自己第一次挑战的时间。准备好了吗？3—2—1开始：

1 门把手　2 鞋架　3 开关　4 桌子　5 垃圾桶

对于大部分读者来说，记下这5个物品名称和顺序还是比较轻松的。如果你觉得记5个词语已经很头疼，不必担忧，因为这也意味着接下来你的进步空间更大。

此时会有读者疑惑，我记忆这些内容有什么意义呢？细心的人可能已经发现了，这5个物品在自己的家中都能够找到。

现在请你闭上眼睛，想象着自己晚上下班回到家里，首先推开家门，你摸到了门把手，进门后脱下鞋子，把鞋子放在了鞋架上，此时家里有些昏暗，于是你打开了电灯的开关，走到了桌子旁，还顺手往垃圾桶扔了一张废纸。

是不是这么一说感觉这5个词汇关联性还挺大，现在我要讲5个小故事，这5个小故事分别发生在刚才的5个位置上，读者只需要做一件事情：想象出我所描绘的每一个位置上的故事画面。

故事一：你拿着一把金黄色的钥匙打开了家门，结果门里飞出来许多的鹦鹉。

故事二：鞋架上放着一个崭新的球儿，你小心翼翼地把球儿放进一个礼物盒里。

故事三：开关上靠着一只山虎，它正在吃芭蕉。

故事四：你吹起一个红色的气球放在了桌子上，再拿着一把扇儿扇飞了气球。

故事五：一位妇女不小心被垃圾桶绊倒了，从垃圾桶里撒出来许多的饲料。

现在请闭上眼睛，想象着自己走在房间里，去试着回想一下每个地点上的故事画面。如果你能回忆起来，那么恭喜你已经记住了圆周率的小数点后20位：3.14159265358979323846。

为什么呢？我们来看一下，刚才每一个小故事的主角分别是什么，门：钥匙和鹦鹉，你想到了哪几个数字呢？是的，14和15，这里用的是谐音法。后面4个故事的主角依次是：球儿、礼物、山虎、芭蕉、气球、扇儿、妇女和饲料。所对应的数字依次是：92、65、35、89、79、32、38（38妇女节）、46。

怎么样，是不是很神奇呢？通过这样简单的5个小故事，我们就一下子记住了圆周率的小数点后20位。我有一位学生学记忆法之前，有一次在书上看到了圆周率，为了磨炼自己的意志，决定背完前面100位，后来花了好几个月，终于背了下来，有的地方还不熟，容易混淆。再后来他知道还有这样一种记忆方法，一下子就产生了浓厚的兴趣，学习方法不到一周的时间，背诵完了圆周率前1000位。未来他打算挑战吉尼斯圆周率背诵记录。正是因为这位学员掌握了记忆方法，背类似圆周率这样的数字类型信息会简单许多。

这里为大家提供了圆周率的前面1000位，每行40个数字，总计25行，在学习完本章内容后大家可以尝试挑战一下。

第1行 1415 9265 3589 7932 3846 2643 3832 7950 2884 1971

第2行 6939 9375 1058 2097 4944 5923 0781 6406 2862 0899

第3行 8628 0348 2534 2117 0679 8214 8086 5132 8230 6647

第4行 0938 4460 9550 5822 3172 5359 4081 2848 1117 4502

第5行 8410 2701 9385 2110 5559 6446 2294 8954 9303 8196

第6行 4428 8109 7566 5933 4461 2847 5648 2337 8678 3165

第7行 2712 0190 9145 6485 6692 3460 3486 1045 4326 6482

第8行 1339 3607 2602 4914 1273 7245 8700 6606 3155 8817

第9行 4881 5209 2096 2829 2540 9171 5364 3678 9259 0360

第10行 0113 3053 0548 8204 6652 1384 1469 5194 1511 6094

第11行 3305 7270 3657 5959 1953 0921 8611 7381 9326 1179

第12行 3105 1185 4807 4462 3799 6274 9567 3518 8575 2724

第13行 8912 2793 8183 0119 4912 9833 6733 6244 0656 6430

第14行 8602 1394 9463 9522 4737 1907 0217 9860 9437 0277

第15行 0539 2171 7629 3176 7523 8467 4818 4676 6940 5132

第16行 0005 6812 7145 2635 6082 7785 7713 4275 7789 6091

第17行 7363 7178 7214 6844 0901 2249 5343 0146 5495 8537

第18行 1050 7922 7968 9258 9235 4201 9956 1121 2902 1960

第19行 8640 3441 8159 8136 2977 4771 3099 6051 8707 2113

第20行 4999 9998 3729 7804 9951 0597 3173 2816 0963 1859

第21行 5024 4594 5534 6908 3026 4252 2308 2533 4468 5035

第22行 2619 3118 8171 0100 0313 7838 7528 8658 7533 2083

第23行 8142 0617 1776 6914 7303 5982 5349 0428 7554 6873

第24行 1159 5628 6388 2353 7875 9375 1957 7818 5778 0532

第25行 1712 2680 6613 0019 2787 6611 1959 0921 6420 1989

第二节　数字编码入门

在上一节中我们初步体验到了用记忆法记忆数字的神奇之处，现在请大家思考一个问题：生活和学习中有哪些情况下能够用到数字记忆呢？带着这个问题我们一起来学一下数字的记忆方法。

在本书的前面，读者已经知道了，记忆法的基本原理是以熟记生，形象的事物要比抽象的好记，而数字是非常抽象的信息，所以我们把数字信息转化成故事或者图像类信息，就更容易记住。

在记忆法中有一个工具叫作数字编码，什么是数字编码呢？简单来说，就是从00~99这100个数字，每一个数字我们找到一个物品与之对应，这样在记忆抽象数字信息的时候，就可以快速把数字转化为形象的数字编码，联想成画面，更好地记忆下来。一句话总结，数字编码就是帮助我们更高效记忆数字类型信息的一种工具。

如何确定每个数字对应的数字编码呢？上一章我们学过四种方法，分别是谐音法、代替法、增减字法和倒字法。我们还可以综合使用这四种方法，将其称为综合法。

数字编码的转换主要使用谐音法、代替法和综合法。

谐音法

例如，14读成"幺四"的话，谐音很像"钥匙"，所以把14规定成一把钥匙。15读起来像"鹦鹉"，就可以把15规定成一只小鹦鹉。

代替法

例如，38可以令人联想到妇女节，所以38对应的数字编码就可以是一位妇女。51想到五一劳动节，劳动节跟工人有关，因此51的数字编码可以规定为工人。

综合法

例如，50的谐音是武林（谐音法），增加两个字变成武林盟主（增减字法）。70的谐音是淇淋，增加一个字变成冰淇淋。

通过以上3种方式，我们把00~99这100个数字的编码全部确定了下来，同时配上相应的图片，读者可以抽出时间把这100个编码记下来，方便以后的使用。

下面给大家提供记忆大师常用的100个数字的编码表：

00	01	02	03	04	05	06	07	08	09
望远镜	小树	铃儿	凳子	小汽车	手套	手枪	锄头	溜冰鞋	菱角
10	11	12	13	14	15	16	17	18	19
棒球	筷子	椅儿	医生	钥匙	鹦鹉	石榴	仪器	腰包	药酒
20	21	22	23	24	25	26	27	28	29
香烟	鳄鱼	双胞胎	和尚	闹钟	二胡	河流	耳机	恶霸	饿囚
30	31	32	33	34	35	36	37	38	39
三轮车	鲨鱼	扇儿	钻石	绅士	山虎	山鹿	山鸡	妇女	三角板
40	41	42	43	44	45	46	47	48	49
司令	司仪	柿儿	石山	蛇	师傅	饲料	司机	石板	湿狗

（续表）

50	51	52	53	54	55	56	57	58	59
武林盟主	工人	鼓儿	乌纱帽	武士	火车	蜗牛	武器	尾巴	五角星
60	61	62	63	64	65	66	67	68	69
榴莲	儿童	牛儿	硫酸	螺丝	礼物	蝌蚪	油漆	喇叭	漏斗
70	71	72	73	74	75	76	77	78	79
冰淇淋	鸡翼	企鹅	花旗参	骑士	西服	汽油	机器人	青蛙	气球
80	81	82	83	84	85	86	87	88	89
巴黎铁塔	白蚁	靶儿	花生	巴士	宝物	八路	白棋	爸爸	芭蕉
90	91	92	93	94	95	96	97	98	99
酒瓶	球衣	球儿	旧伞	首饰	酒壶	旧炉	手机	球拍	舅舅

这里要特别提醒大家的是，每一个人都可以打造自己的数字编码，有些编码别人用着合适，能记得又快又准，但可能你用起来就是记不住，那么这个时候你应该去找到那个你用起来合适的编码，在模仿的基础上打造属于自己的一套编码体系。

第三节　如何快速熟悉数字编码

现在，我们正式进入数字编码的练习环节，大家还记得小时候背诵的乘法口诀表吗？

1×1=1								
1×2=2	2×2=4							
1×3=3	2×3=6	3×3=9						
1×4=4	2×4=8	3×4=12	4×4=16					
1×5=5	2×5=10	3×5=15	4×5=20	5×5=25				
1×6=6	2×6=12	3×6=18	4×6=24	5×6=30	6×6=36			
1×7=7	2×7=14	3×7=21	4×7=28	5×7=35	6×7=36	7×7=49		
1×8=8	2×8=16	3×8=24	4×8=32	5×8=40	6×8=48	7×8=56	8×8=64	
1×9=9	2×9=18	3×9=27	4×9=36	5×9=45	6×9=54	7×9=63	8×9=72	9×9=81

为了更熟练地进行乘法运算，我们要将乘法口诀表背到烂熟于心，数字编码也是一样，如果你希望在后续的学习和练习中能够更快速地记忆数字信息，就需要把100位数字编码熟记于心。

我们先来看一下01~10这10个数字的编码：

01——小树，代替法，0表示圆圆的，1表示树干。你可以在自己的脑海中想象出一个小树的样子，它的叶子是什么颜色，是针叶还是阔叶？伸手去触碰一下脑海中的这棵小树吧，是什么触感呢，松软还是有点扎手？把鼻子凑近一点，闻一闻小树的味道，你嗅到了那股清香吗？现在，给读者30秒的时间，在脑海把小树的形象确定下来，如果你完成了这一步，请继续学习下一个编码。

02——铃儿，谐音法，闭上眼，逆着时间的长河，回到了童年时代，街上卖冰糖葫芦的大叔，手里摇着一个金黄色的铜铃，"叮叮叮"的响声伴随着吆喝声，仿佛就在耳边回荡。

03——凳子，代替法，0表示圆形的椅面，3表示3条腿，所以把03想象成3条腿的凳子。读者可以回想一下自己的家中有没有这样的凳子，把03跟自己熟悉的凳子关联起来会更好记，比如笔者脑海中的凳子就是以前坐绿皮火车时带在包里的小凳子。

04——汽车，代替法，一般的家用汽车有4个圆形的轮子，用4个轮子代替汽车。读者可以在脑海中确认下来汽车的形象。

05——手套，手套一般是有5根手指，也是用的代替法，大家可以根据喜好，设计一下自己脑海中手套的颜色，材质和触感等。

现在，相信大家对数字编码有了更进一步的了解，接下来我们继续学习。

06——手枪，代替法，用数量代替，左轮手枪有6发子弹。

07——锄头，代替法，用形状代替，7想象成一个锄头。

08——溜冰鞋，代替法，用数量代替，一双溜冰鞋总共有8个轮子。

09——菱角，谐音法，菱角是一种生长在水里的植物，外壳坚硬，果实可以吃。

10——棒球，代替法，1代替棒球棍，0代替球。

11——筷子，代替法，用形状代替，把11想象成筷子，可以是金属筷子，也可以是竹筷子。

12——椅儿，谐音法，注意区分椅儿与凳子，椅儿有四条腿，有靠背。

13——医生，谐音法，有的人看到医生想到穿着白大褂，有的想到拿着听诊器或者注射器。这几种都可以，但必须确定下来。比如笔者的13就是医生拿着一个注射器，这样以后在遇到数字13的时候就可以毫不犹豫地联想到一个注射器的形象，而不用纠结用哪一个比较好，大幅大提升记忆效率。

14——钥匙，谐音法，可以想象一把金黄色的钥匙。

15——鹦鹉，谐音法，联想一只五颜六色的小鹦鹉。

16——石榴，谐音法，好吃的石榴。

17——仪器，谐音法，17的编码形象也因人而异，有的人觉得显微镜好联想，有的人觉得放大镜好用，无论读者联想的是什么，只要你自己觉得方便联想就可以。

18——腰包，谐音法，跨在腰上的包，老一辈人可能印象更深，以前的大巴车有专门的卖票员，收的钱就放在腰包里。

19——药酒，谐音法，笔者的药酒是一瓶云南白药，可以作为参考。

20——香烟，代替法，两种理解方式：一包烟20根或者一包烟20元。

一口气学了20个编码是不是有点累了呢？我们来做一个记忆的小游戏，现在，先跟着作者来进行第一轮的练习：

这里有16个完全无规律的数字：01 13 15 09 03 18 16 20

我们来联想一个小画面：在你的面前有一棵小树，这棵小树上挂着一个穿着白大褂的医生，你掀开白大褂，发现里面还藏着一只非常可爱的鹦鹉，鹦鹉正在吃菱角，菱角的壳打翻了一个凳子，凳子下面有你的腰包，腰包里放着早上买的石榴和一包香烟。

你想到了什么？是的，这就是刚才的数字编码。把这个小画面还原成数字，就是01 13 15 09 03 18 16 20。大家已经初步掌握了记忆无规律数字信息的技能，是不是没有想象中的那么困难呢？

这也是数字编码的功能之一：记忆随机的数字类信息。在掌握了所有的数字编码后，如果再遇到类似的数量不多的数字信息，就可以用这种编故事的方式把它轻松记忆下来。或者大家在学习完后面的定位法后，可以运用定位法记忆大量的随机数字。大概的步骤就是先找地点，每个地点上放4个数字。即2个编码，再把这2个编码按照顺序联想成画面，最后进行回忆。我们在本章最开始记圆周率小数点后20位时用的就是这个方法。

21——鳄鱼，谐音法，你可以想象一只满嘴獠牙的鳄鱼就在眼前。

22——双胞胎，代替法，两个2长得一样，想象成一对双胞胎。

23——和尚，特殊意义代替法，和尚的头上有两列戒疤，每一列有3个点。

24——闹钟，特殊意义代替法，一天有24个小时。

25——二胡，谐音法，联想到二胡这种乐器。

26——河流，谐音法，可以联想一条自己熟悉的河流。

27——耳机，谐音法，联想一个耳机即可。

28——恶霸，谐音法，你可以联想一个恶霸的形象。

29——饿囚，谐音法，联想一个衣衫褴褛的囚犯。

30——三轮车，代替法，把0看成轮子，3个轮子的车。

31——鲨鱼，谐音法，联想海洋里的一头凶恶的鲨鱼。

32——扇儿，谐音法，联想一把折扇或者风扇。

33——钻石，特殊意义代替法，33谐音闪闪，闪闪发光的钻石。

34——绅士，谐音法，联想一个穿着西装，手拿拐杖的绅士。

35——山虎，谐音法，山上有一只凶残的老虎。

36——山鹿，谐音法，山上有一头长着奇怪鹿角的山鹿。

37——山鸡，谐音法，山上有一只正在飞的野鸡。

38——妇女，特殊意义代替法，联想三八妇女节。

39——三角板，谐音法，自己最喜欢用的三角板。

40——司令，谐音法，很有威严的司令。

41——司仪，谐音法，为了与绅士的形象区分开来，可以联想司仪手拿话筒。

42——柿儿，谐音法，联想一个红通通的柿子。

43——石山，谐音法，联想一座高耸入云的石山。

44——蛇，声音代替法，蛇会发出"嘶嘶"的声音，类似44的读音。

45——师傅，谐音法，可以联想一个道长。

46——饲料，谐音法，喂养动物的饲料。

47——司机，谐音法，有的人联想的是出租车司机，有的人则是大巴车司机。

48——石板，谐音法，联想路上的青石板。

49——湿狗，谐音法，自己养的，身上沾满水的狗。

50——武林盟主，综合法，联想到武侠剧中的武林盟主。

51——工人，特殊意义代替法，五一劳动节，联想到工人。

52——鼓儿，谐音法，一敲就响的鼓儿。

53——乌纱帽，谐音法，联想到古代官员戴的乌纱帽。

54——武士，谐音法，动画片里的武士。

55——火车，声音代替法，火车跑起来是"呜呜呜"的声音。

56——蜗牛，谐音法，在地上爬得很慢的蜗牛。

57——武器，谐音法，战争中的坦克。

58——尾巴，谐音法，猴子的尾巴。

59——五角星，谐音法，尖尖的五角星。

60——榴莲，谐音法，散发着味道的榴莲。

不知不觉已经学到了第60个编码，现在，我们来看一下数字编码的第2个用途——数字编码定位法。

下面使用三十六计的例子来演示如何使用数字编码定位法。读者可以在学习这一方法的基础上尝试补充完成后面的26个计谋的编码。

数字	计谋	编码
01	瞒天过海	小树
02	围魏救赵	铃儿
03	借刀杀人	凳子
04	以逸待劳	汽车
05	趁火打劫	手套
06	声东击西	手枪
07	无中生有	锄头
08	暗度陈仓	溜冰鞋
09	隔岸观火	菱角
10	笑里藏刀	棒球
11	李代桃僵	
12	顺手牵羊	
13	打草惊蛇	
14	借尸还魂	
15	调虎离山	
16	欲擒故纵	
17	抛砖引玉	
18	擒贼擒王	
19	釜底抽薪	
20	浑水摸鱼	
21	金蝉脱壳	
22	关门捉贼	
23	远交近攻	
24	假道伐虢	

（续表）

数字	计谋	编码
25	偷梁换柱	
26	指桑骂槐	
27	假痴不癫	
28	上屋抽梯	
29	树上开花	
30	反客为主	
31	美人计	
32	空城计	
33	反间计	
34	苦肉计	
35	连环计	
36	走为上计	

只要是类似的文字信息，我们都可以用这个方法。

大家已经初步感受到了数字编码的应用，现在我们继续学完剩余的编码吧！

61——儿童，特殊意义代替法，想到六一儿童节。

62——牛儿，谐音法，想到放牛的场景。

63——硫酸，谐音法，联想带有腐蚀性的硫酸。

64——螺丝，谐音法，无比坚硬的螺丝。

65——礼物，谐音法，最喜欢的礼物。

66——蝌蚪，象形代替法，66像两只小蝌蚪，黑黑的。

67——油漆，谐音法，散发着刺激性气味的绿油漆。

68——喇叭，谐音法，发出重复的声音。

69——漏斗，谐音法，计时用的沙漏。

70——冰淇淋，综合法，甜甜的，奶油味的冰淇淋。

71——鸡翼，谐音法，香喷喷的鸡翅膀。

72——企鹅，谐音法，走路左右晃动的企鹅。

73——花旗参，谐音法，一种药材。

74——骑士，谐音法，骑着白马的骑士。

75——西服，谐音法，才订做的西服。

76——汽油，谐音法，散发着刺激性气味，可燃。

77——机器人，谐音法，智能机器人，可以是擎天柱。

78——青蛙，谐音法，会发出"呱呱"的声音。

79——气球，谐音法，红色的气球，非常大，感觉随时要爆炸。

80——巴黎铁塔，谐音法，高大的一座塔。

81——白蚁，谐音法，一群白色的蚂蚁。

82——靶儿，谐音法，可以用靶儿的圆盘，也可以用靶儿配套的飞镖作为联想对象。

83——花生，谐音法或象形法，8像一个完整的花生，3像一个拨开的花生，也有一点谐音。

84——巴士，谐音法，最常去乘坐的公交车。

85——宝物，谐音法，很稀罕的宝物。

86——八路，谐音法，影视剧中的八路军。

87——白棋，谐音法，围棋中的白棋。

88——爸爸，谐音法，自己的爸爸。

89——芭蕉，谐音法，比香蕉要小一点。

90——酒瓶，谐音法，家里喝完酒剩下的瓶子。

91——球衣，谐音法，打球常穿的衣服。

92——球儿，谐音法，自己经常打的球。

93——旧伞，谐音法，用了好几年很破旧的雨伞。

94——首饰，谐音法，首饰店里最贵重的首饰。

95——酒壶，谐音法，倒酒的壶。

96——旧炉，谐音法，破旧的炉子。

97——手机，谐音法，自己用的手机。

98——球拍，谐音法，打球用的球拍。

99——舅舅，谐音法，自己的舅舅。

00——望远镜，象形代替法，最喜欢用的望远镜。

至此，我们已经学完了100位数字编码，在下一章中，我们将进入数字记忆的实战，在此之前，请大家尽快熟悉数字编码。

练习材料

下面有15行共300个随机两位数，请一边默念，一边回忆对应的数字编码。

第1行　31 23 89 72 35 48 76 23 45 87 62 38 76 21 38 91 76 59 49 32

第2行　14 57 82 18 73 46 23 87 65 48 72 62 37 86 48 72 36 47 82 36

第3行　34 78 23 65 71 26 37 26 42 83 96 52 39 86 87 67 28 93 78 92

第4行　53 65 72 38 94 72 36 49 82 37 49 86 58 92 73 49 87 23 89 45

第5行　57 23 98 47 62 38 95 62 39 84 98 23 56 89 23 64 89 23 67 48

第6行　39 23 75 23 68 93 71 98 37 92 86 98 12 73 98 23 74 59 82 37

第7行　14 59 82 37 49 23 98 47 92 38 47 92 38 47 92 35 67 32 37 86

第8行　13 32 35 75 92 28 74 62 54 33 01 82 40 83 57 15 64 73 13 24

第9行　06 04 35 86 34 95 65 23 45 36 85 60 34 36 94 03 23 64 32 59

第10行　11 83 89 02 35 78 86 93 45 87 62 38 76 21 38 91 76 59 49 32

第11行　44 57 82 18 73 46 23 87 65 48 72 62 37 86 48 72 36 47 82 36

第12行　34 78 26 55 76 28 39 26 42 83 96 52 39 86 87 67 28 93 78 92

第13行　76 29 45 35 45 70 73 98 89 15 26 18 23 43 57 16 48 83 87 90

第14行　29 10 76 12 36 52 83 17 92 27 54 75 24 67 17 65 93 92 36 31

第15行　39 23 75 23 68 93 71 98 37 92 86 98 12 73 98 23 74 59 82 37

第四节　数字信息记忆在学习当中的运用

从本章开始，我们将为读者讲解数字记忆如何拓展到各个领域或者科目的学习当中，读者如果在记忆的过程中感觉编码的反应速度较慢或者无法出现画面，说明数字编码的熟练度仍然不够，可以返回上一章对不熟的编码做重点的巩固。

一、历史年代记忆

说到数字编码的学科应用，首当其冲的便是历史中的年代记忆。大家可以回想一下自己以前是如何记忆历史年代的。死记硬背显然十分耗时而且复习压力特别大。现在我们有了数字编码这个强大的工具，记忆历史年代便是一件非常简单的事情了，请看实例：

案例一：1640年英国资产阶级革命开始。

首先，我们看一下历史年代记忆的本质是什么："1640"是数字信息，"英国资产阶级革命开始"是文字，记忆的方法之一是将数字信息和文字信息编成一个简短的故事。

数字编码表中16对应的是石榴，40对应的是司令，数字解决了。对于文字信息，可以先提取关键词，比如这里可以提取关键词——"英国资产阶级"，现在请大家联想这样一幅画面：一个英国新兴的资产阶级知识分子，一边啃着石榴，一边跟司令讨论下一步的革命计划。

案例二：1775—1783年，美国独立战争。

这里稍微改变了一下形式，但本质仍旧是记忆数字和文字信息，只需要稍作变通，有的人会记17、75、83和美国独立，有的人会记17、75、8（83-75=8年）和美国独立。两者都可以。

按照第一种我们联想画面：仪器生产很多西服和花生酱，为参加美国独立战争的士兵们提供衣服和食物。

按照第二种可以这样联想：仪器和西服绑在溜冰鞋上，送给参加美国独立战争的战士。

案例三：1776年7月4日，美国大陆发表《独立宣言》，宣告美国独立。

这里大家要注意一个细节，我们记忆文字的时候需要给文字一个画面，方便回忆，例如《独立宣言》，学过历史的可以联想到杰斐逊，所以串起来联想的画面就是：杰斐逊起草了《独立宣言》后，伸个懒腰，不小心打翻了身旁的仪器，漏出了汽油，洒在了旁边的骑士雕塑身上。

现在请大家看这样的一系列历史事件：

年份	事件
316年	匈奴攻占长安，西晋灭亡
317年	东晋建立
383年	肥水之战
395年	罗马帝国分裂
420年	南朝宋建立
476年	西罗马帝国灭亡
492年	北魏孝文帝迁都洛阳

在开始记忆之前，大家先观察一下这个表格中的历史时间有什么特点。你会发现有好几个都是3或者4开头的，而且都是三位数。三位数的编码我们没有学过，这里提供3种记忆方案。

第一种，在前面补0，比如316年匈奴占领长安，西晋结束，可以用03凳子和16石榴编故事。

第二种，可以学习单编码0~9，看下表：

数字	0	1	2	3	4	5	6	7	8	9
编码	呼啦圈	笔	鸭子	耳朵	红旗	钩子	勺子	镰刀	葫芦	猫

注：0~8都是形状比较像，9是代替法，传说猫有9条命。

用这种方法，316可以变成耳朵和石榴。

第三种，房间法，简单来说就是提前找好一些房间或者地点，记下它们的位置和模样，然后为这些房间编号。例如，我们本次要记忆的历史年代大部分以3或者4开头，那么我们就可以把这些历史事件联想的画面放在第三和第四个房间里面，这样就不用再联想03和04，只需要记忆后面的内容。在考试中考察到不同世纪的历史年代时，也可以在脑海中快速搜索。

这个方法大家可以先了解，如果以后有参加比赛的打算，再去深入研究这个方法。

二、地理知识记忆

地理里面也涉及很多需要记忆的内容，这些内容中有相当一部分跟数字信息有关，我们也同样可以运用数字编码来帮助记忆。本书为大家列举几个有代表性的案例，大家把方法掌握，灵活运用即可。

案例一：地球的半径是6371km。

可以直接将地球联想成一个瓜，切开后里面居然流出了硫酸和鸡翼。

案例二：德国鲁尔区的纬度是北纬51度。

提取关键词"鲁尔区"和"北纬51度"，联想一个德国工人（51）喜欢吃卤的猪耳朵（鲁尔区）。

案例三：亚热带季风气候的纬度在25~35度，年降水量在1000~1500毫米，最冷月平均气温在0度以上，最热月平均气温大于22度。

在地理中类似的知识点非常多且容易混淆，建议把每一个气候类型的内容提取关键词，串联成一个个故事。本案例中提取关键词："亚热带季风""25~35""降水量1000~1500""最冷0度"和"最热22度"。串联后得到故事如下：亚热带季风气候地区的人喜欢拉着二胡看山虎（纬度25~35度），天上降水量都是一千（1000毫米）起步，鹦鹉（1500）喜欢在雨天出来抱怨太冷了，连个蛋（最冷0度）都没地方下，太热的时候还会有双胞胎（最热22度）来捣乱。

三、数据信息记忆的拓展

无论哪个领域记忆的知识，只要涉及数字，方法基本都是相通的，即利用数字编码想象出图，通过图片画面更好地进行记忆和回忆。

当然，对于专业知识，最好能在理解的基础上结合方法进行记忆，平时生活中有身份证号、邮政编号、车牌号、银行卡号、准考证号、学号、房号、门牌号、电话区号、楼层号等许多地方都会涉及数字信息的记忆，读者可以多多练习。

在本章节中，我们通过一些有代表性的例子，为大家讲解了数字类信息的记忆方法。涉及数字记忆的场景非常多，限于篇幅，没有办法为大家一一列举，但只要掌握原理，不管形式再变，记忆数字的本质都是一样的。

第三章

文字信息的记忆

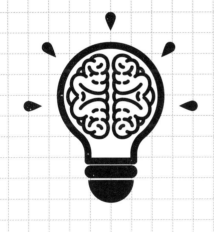

本章将学习记忆文字类信息，文字的记忆方法整体分为三大类，分别是故事法、绘图法和定位法。接下来我们先以语文知识的记忆作为切入点，带大家练习文字的记忆。

笔者把语文信息的记忆分为三大类型：简短信息（一些零碎的知识点）、中篇幅的信息（古诗或者一些短的文章）和长篇的信息（长篇古诗文或者现代文），分别对应故事、绘图和定位三种方法。

第一节　故事法在语文学习中的应用

故事法简单来说就是把要记忆的信息编成一个简洁明了的故事，从而记下知识点。在开始之前，笔者先给大家讲一个小故事，看看大家是否能够记下来：

有一天我坐火车去赶集，就为了买一块猪肝，因为那天是小坡的生日，在他生日那天，我带他去猫城，回来写了一篇猫城记，日记里写道我们去了一家老字号茶馆，里面的老板说话出口成章。

细心的读者可能已经发现了，这个故事里的内容和老舍的作品有关。如果你已经记下这个故事，那么恭喜你已经记住了老舍的8部作品，依次如下：

▲《火车》　　　　▲《猫城记》

▲《赶集》　　　　▲《老字号》

▲《一块猪肝》　　▲《茶馆》

▲《小坡的生日》　▲《出口成章》

记下来这个故事是不是比直接记忆几部毫不相关的作品简单许多呢？

顺着这个思路，我们来做一个练习，记忆一下沈从文的10部作品：

《老实人》	《石子船》	《蜜柑》	《虎雏》	《雪晴》
《边城》	《雨后及其他》	《阿黑小史》	《新与旧》	《长河》

这是作者联想的小故事：

一条长河的岸边都是蜜柑，蜜柑树下还有一只虎雏，大雪过后的晴天，虎雏跑来边城，看到一个老实人，名字叫阿黑，弟弟叫小史，哥俩穿的衣服新与旧都有，雨后及其他的时间他们会搭着石子船去捕鱼。

怎么样，是不是很快就记下来了？故事法的优势就在于能够快速记忆，同时在回忆和复习的时候更轻松。当然这个故事的关键词没有按照原来的顺序排列，在编故事的时候，只要几个词语是并列关系，我们可以调换顺序降低编故事难度。在最开始运用这个方法的时候，大家可能会觉得不会编故事。其实这种能力也是需要通过训练才能得到提升的。现在，笔者为大家再罗列一些训练材料，大家可以练习一下，提升自己的故事联想能力。

练习材料

材料	故事
习惯　西瓜　篮球　植被 魔鬼　蘑菇　气球　震撼 无敌　动车　国家	
语文　要求　药罐　医生 女鞋　鱼丸　河水　流沙 金钱　旅游　摇晃	
去玩　速滑　洒下　珍贵 普通　酒杯　肉块　大理 阳光　暖和　周旋	

一、易错字记忆

其实故事法的运用场景非常广泛，我们接下来再看一些由故事法衍生出来的运用。

在学习语文的过程中，有时会遇见一些很难记忆的生僻字。笔者曾经运用记忆法将一本《鬼谷子》倒背如流。在这本书中，有非常多的生僻字需要记忆，例如《抵巇》篇中的"巇者，罅也。罅者，涧也。涧者，成大隙也"，其中的"巇（xī）"字非常难记，后来笔者尝试把这个生僻字转化成画面，很快记了下来。

具体的步骤如下：把巇字拆分成了 4 个部分：山，虎（取上部分），豆和戈，虎的上半部和豆想象成一个老虎的爪子搭在豆子上，戈可以联想到武器，所以按照这个字的写法顺序，笔者编了一个简短的小故事：山上有只老虎，爪子搭在豆子上，笑嘻嘻跑去取了一个武器。为了让各位读者更直观地想象出画面，我用简笔画的形式把这个字联想的故事画了出来，如下：

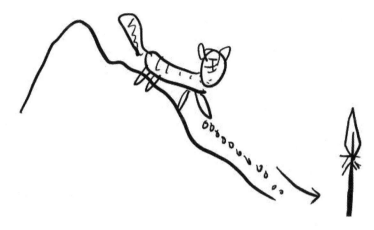

现在请闭上双眼，回想一下我们的故事和画面，这个看似十分复杂的"蠵（xī）"字是不是也没有那么难了呢？

这个记忆生僻字的方法非常简单，把一个很复杂的生僻字拆分，再把拆分出来的部分按照顺序串联成一个故事。如果要记下读音和意义，也可以把读音和意思联想进去，例如：

虢（guó）：爪+寸+虎，一个爪子一寸的老虎，想建立一个国家。

躞（xiè）：足+火+言+火+又，脚放在两团炉火中间取暖，火中间还有本语言书，又不小心掉进去了，真泄气。

鳏（guān）：鱼+四+"鱼骨（象形）"，观察鱼身上有的4个骨头。

二、多音字记忆

在学习语文的过程中，字的写法是基础中的基础，其次便是读音，大家可以回想一下在你的学习生涯中，有没有遇到过类似的语文题目：

下列加点的字注音全部正确的一项是（　　　）

A.匿名（nì）眷念（juàn）璀璨（càn）馈赠（guì）

B.宽恕（shù）污秽（huì）酬和（hé）迁徙（xǐ）

C.轩昂（xuān）鞭挞（tà）挑衅（xìn）干涸（hé）

D.尴尬（gān）瞥见（piě）媲美（pì）吞噬（shì）

这样的题目十分考察答题者的语文生僻字音积累量，同时也考验细节的把控能力。接下来我们来看一下如何用记忆法帮助我们更好地记住经常拿捏不准的读音。

多音字，是指一个字有两个或两个以上的读音，不同的读音表义不同，用法不同，词性也往往不同。读音有区别词性和词义的作用；根据使用情况不同，读音也不同，读音有区别用法的作用。

比如，"和"字有6种读音，分别是：

拼音	示例	拼音	示例	拼音	示例
hé	和平	hú	和牌	huò	一和药
hè	和诗	huó	和面	huo	暖和

多音字记忆方法有3种：依靠词性记忆、记少剩多、编故事记忆。

下面我们就分别来看一看这3种方法怎么运用。

方法一：依靠词性记忆

汉字	拼音	词性	示例
数	shǔ	动词	数落　数不清　数得着
	shù	名词	数据　数量　数额
长	cháng	形容词	很长　长远　长久
	zhǎng	动词	生长　成长　长知识

（续表）

汉字	拼音	词性	示例
为	wéi	动词	大有可为　认为　成为
	wèi	介词	为人民服务　为虎作伥

这个方法需要平时多总结，多归纳，就能掌握得更好。

方法二：记少剩多

有的多音字在某一个音上只有一个词语，剩下的词语全部是另一个发音，例如：

汉字	拼音	使用情况
肖	xiāo	人名姓氏
	xiào	其余情况
覃	qín	人名姓氏
	tán	其余情况

方法三：编故事记忆

汉字	拼音	示例	故事
强	qiáng	强壮	他真倔强，我只能勉强同意他跟着强壮的人学习。
	qiǎng	勉强	
	jiàng	倔强	
恶	è	恶习	可恶的人有个让人恶心的恶习。
	wù	可恶	
	ě	恶心	

练习材料

汉字	拼音	示例	故事
咽	yān	咽喉	
	yàn	咽气	
	yè	哽咽	
载	zǎi	记载 三年五载	
	zài	载歌载舞	

三、易错读音记忆

在生活中，经常有些字的读音会读错，这主要有两方面原因：一是生活中大家都读错了，跟着读自然会读错；二是有些字是多音字或者是不认识的字，不知道怎么读导致读错。

比如"氛围"这个词语中的"氛"，很多人第一反应是读四声，其实这个字读一声，而且只有一个发音。类似这样的易错读音我们可以用以下的步骤去记忆：

1.找到正确读音的同音字，有些情况也可以用谐音字。

2.根据情况编故事。

比如刚才"氛围"的"氛"字，可以想到"分数"的"分"，然后通过"好的学习氛围会带来好的分数"这句话就记住了。再来看下面几个案例：

词语	拼音	同音字	故事
入场券	quàn	券—劝	我劝说他拿着入场券进去。

（续表）

词语	拼音	同音字	故事
逮捕	dài	逮—袋	他逮捕了一个衣服上满是破口袋的人。
埋怨	mán	埋—馒	他埋怨馒头真难吃。

练习材料

请圈出正确的读音，并编写合适的故事

词语	拼音	同音字	故事
档案	dàng dǎng		
框架	kuàng kuāng		
剥皮	bō bāo		
刹那	chà shà		

四、易错词语记忆

由于同音、近音、形近字的存在等原因，我们难免会写错一些词语。这里提供两种方法来记忆易错词语：一是依靠意思来记忆，二是对正确的字易错部分和词语编故事。

方法一：依靠意思来记忆

正确词	错误字	意思
宣泄	渲泄	宣（xuān），有普遍、传播、宣扬等意义；渲（xuàn）是指一种绘画技法，即先把颜料涂在纸上，再用笔蘸水涂抹使色彩浓淡适宜。宣泄的意思是：让病人把过去在某个情景或某个时候受到的心理创伤、不幸遭遇和所感受到的情绪发泄出来，以达到缓解和消除来访者消极情绪的目的。

（续表）

正确词	错误字	意思
赌博	赌搏	博（拼音：bó）有一个意思是指古代的一种棋戏，后泛指拿财物作注比输赢；搏，（拼音：bó）其本义是用搜索的方式捕捉（一说本意是对打、搏斗）；赌博，是一种拿有价值的东西做注码来赌输赢的游戏，并不是打架。

方法二：对正确的字易错部分和词语编故事

案例："竣工"错写成"峻工"

故事：立刻竣工。

正确词	错误词	分析	故事
竣工	峻工	这里的"竣"字是易错的字，初学者不知道左边到底是"立"还是"山"，正确的是"立"，所以我们用"立刻"来跟它组成词语。	立刻竣工。
跨越	跨跃	这里的"越"字是易错的字，"跃"字很容易想到"飞跃"这个词，从而出错。"越"是正确的，我们就用"越南"来提醒自己，这个"越"是对的。	跨越到越南。

练习材料

正确词	错误词	分析/意思	故事
博弈	搏弈		
部署	布署		
平添	凭添		
指手画脚	指手划脚		
川流不息	穿流不息		

第二节　绘图法记忆语文古诗

在上一章节中，我们重点学习的是运用故事法记忆短篇的文字信息。随着要记忆的内容篇幅逐渐增加，有时候故事法可能就不太适用了。那么这一章我们来学习一个中阶的方法——绘图法。

什么是绘图法呢？简单来说就是通过画一些简图来帮助我们进行记忆。请大家注意"简"这个字。记忆法绘图的目的是帮助我们更快地记忆知识，因此画出来的图遵循简洁和好记的原则即可。

为了让大家更好地体会到这两个原则，有条件的读者可以准备白纸和写字笔，让我们来进行一个绘图法的小热身。在下面的表格中有一连标上序号的随机词语，读者只需要做一件事情：在纸上尽可能快地画出每个词语联想到的画面，并且画完后能够对照画面复原这些词语。准备好了吗？3—2—1开始！

第一轮：

词语	简图
开心	
难过	
天晴	
苹果	

续表

词语	简图
树叶	
相机	
草莓	
太阳	
河流	
电视机	

接下来请盖住词语，看着右侧的一个个简图，看自己能否还原这些词

第二轮：

词语	简图
平民	
走马	

续表

词语	简图
梅溪	
雪未消	
参赛	
天寒	
反馈	
日短	
送客	
无限	

现在请重复第一轮的步骤，尝试还原一下词语。

是不是发现这一轮没有刚才的速度快？原因显而易见，这一轮出现了很多的抽象词语，对于初学者来说不是很容易出图。没关系，还记得前面学过的抽象转形象的方法吗？当我们碰到一个很难联想的抽象词语时，可以运用谐音、代替或者增减字等方法来帮助自己更好地出图。看到任何一个词语都能立马联想出画面是记忆法中的一个基础能力，大家可以运用上面的词语绘图训练，来提升自己的这种能力。

现在你已经初步了解了把文字画成简图的方法，我们来看两幅简笔画：

图3-1

图3-2

这两幅画画的是什么呢？其实是唐代诗人贾岛写的《冬夜送客》，原文如下：

冬夜送客

［唐］贾岛

平明走马上村桥，花落梅溪雪未消。

日短天寒愁送客，楚山无限路迢迢。

大意：天色刚明，我们骑马送你到村口桥头。大雪连下几日，积雪未消，枝头的梅花花瓣随风飘落，随着水流而去。冬日昼短夜长，天寒地冻。在这黎明时分你离去，我心中万般不舍啊！看着那绵延无际的楚山，想着路途遥远，沿途险阻，不得不为你担心。

在了解了大致意思后，我们回到第一张图（图3-1）：有个小人他是平民（谐音平明），牵着马在走（走马），上来一个地方叫作村桥（上村桥）。过桥后看到花落到梅溪（花落梅溪）中，山上的雪花下面画了一个"×"，联想到未消散（雪未消）。

闭上眼睛，再回想一下这幅画面吧。

第二张图（图3-2）：一个太阳没有尺子长（日短），一朵乌云下起了雨（天寒），雨天有人在送客，很担忧他（愁送客）。客人上了一座山（楚山），山上还搜到了无线网信号（无限），下山有两条路（路迢迢，刚好谐音两个"迢"字）。

现在请闭上双眼，回忆一下刚才的两幅图片，再根据画面来背诵出整篇古诗。是不是非常的简单呢？这就是记忆古诗的方法之一——绘图法。绘图法记忆古诗的具体步骤如下：

一读：通读古诗，找出生字词。

二看：看原文的注释，了解大意。

三画：提取关键词，用简笔画把原文画出来。

四习：复习，回忆画面及原文。

总结为4个字：读看画习。这4大步骤中，对于初学者来说，最难的就是第三步，现在我们来进行实战演练：

案例一:

咏 柳

［宋］曾巩

乱条犹未变初黄, 倚得东风势便狂。

解把飞花蒙日月, 不知天地有清霜。

大意:杂乱的柳枝条还没有变黄,在东风的吹动下狂扭乱舞。它的飞絮想蒙住日月,但不知天地之间还有秋霜。

绘图参考(图3-3):

图3-3

绘画说明:乱的线条(乱条)下面有一瓶油,油旁边有个叉(犹未),叉的箭头打到一块黄色的布(变初黄),布上有个人倚靠着东风(倚得东风),张牙舞爪(势便狂),有个长头发的姐姐(解)把飞花蒙在日和月上,却不知天上和地下有洒落的清霜。

案例二：

春　雪

［唐］韩愈

新年都未有芳华，二月初惊见草芽。

白雪却嫌春色晚，故穿庭树作飞花。

大意：新年都已来到，但还看不到芬芳的鲜花。到二月，才惊喜地发现有小草冒出了新芽。白雪也嫌春色来得太晚了，所以有意化作花儿在庭院树间穿飞。

绘图参考（图3-4）：

图3-4

绘画说明：一堆新的年糕（新年），方的本子上画着花（芳华），"方花"的后面藏着两个月亮（二月），它们很惊讶（初惊），因为地上出现了草芽。白雪落到地上的盐堆上（白雪却嫌，谐音"咸"），盐堆旁边有个人拿着钟，已经晚了（春色晚），然后这个人故意穿过宫廷的树，化作飞花（故穿庭树作飞花）。

案例三：

赠　花　卿

［唐］杜甫

锦城丝管日纷纷，半入江风半入云。

此曲只应天上有，人间能得几回闻。

大意：锦官城里的音乐声轻柔悠扬，一半随着江风飘去，一半飘入了云端。这样的乐曲只应该天上有，人间里哪能听见几回呢？

绘图参考（图3-5）：

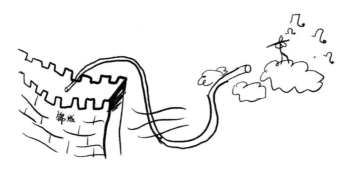

图3-5

绘画说明：这首诗的后两句耳熟能详，因此不必刻意用记忆法，前两句用绘画法记忆：锦城上连着一根"丝管"，"日纷纷"直接记忆，一半入江风，一半冲入云霄。

初学者在运用绘图法记忆古诗时，除了不会联想，还可能会存在以下2个问题：

1. 过于纠结画面的美观，画一首古诗需要十几分钟甚至半小时。

2. 自己画出来的画面不好记忆。

对于第一个问题，解决方法其实很简单：转变观念，力求画面的简洁，同时多加训练，提升联想和绘图的速度。第二个问题出现的原因很有可能是画面里的元素没有相互联系，导致无法从第一句推导到最后一句，在绘图的时候增加画面的故事性即可。

在记完以上的古诗后，读者可能会有疑惑：这样来记忆，会不会对古文原本意思有所干扰呢？到底是优先记忆还是优先理解呢？

对于成年人或者是有一定理解能力的孩子来说，建议在理解的基础上结合方法，记忆的效果会更好。那么实在难以理解的内容能否先记下来呢？事实上完全是可以的。举个例子：很多孩子很小的时候在家长的督促下背诵完《三字经》《论语》等国学经典，当时并不理解，但在以后的漫长人生道路中就有可能因为某些经历而突然领悟了其中一些句子的意思。国学经典中有很多做人做事的道理，这些都会在无形中影响一个人的一生，如果没有前期的积累很难有这样的体会。所以无论是先理解还是先记忆都是可以的，读者可以根据自身的情况做调整。

第三节　地点定位法记忆长篇信息

前面的章节中我们学习了中短篇的信息的记忆方法，那么如何记下一些特别长的内容呢？这里就会用到定位法，也就是大家经常听到的一个概念——记忆宫殿。

大家应该都去过图书馆，你可以很轻松地在一个图书馆里找到自己喜欢的类型的书，因为它们都被分门别类放在了一个个书架上。同样地，你可以把平时要记忆的知识看成图书馆里的一本本书籍，记忆宫殿就相当于你在脑海中存放这些"书籍"的书架。大家是否记得之前学习数字记忆的时候背诵了圆周率，用到了5个地点？你可以把这5个地点理解为一个小型的记忆宫殿。

随着学习的深入以及地点和记忆量的增加，记忆宫殿的规模也会越来越大。

笔者在2019年的时候运用记忆法成功记忆了《大学》《弟子规》《道德经》《易经》《论语》《英汉词典》《鬼谷子》等书籍。笔者的一位朋友运用记忆法背下了《道德经》《新华字典》《英汉词典》《成语词典》等书籍，所用的方法就是定位法。这个方法不仅可以用来背诵整本国学经典或者其他书籍，运用到学科中的长篇内容也是可以的。在本章中我们选取了两篇具有代表性的古文和一篇现代文，带大家一起学习这个神奇的方法。

首先，我们来看一下地点定位法记忆古文的步骤：

一读：通读原文，找出生僻字，理解大意。

二看：看原文的内容，划分段落。

三放：把每个段落的内容联想成画面放在事先准备好的地点上（一般一个地点放2~4句）。

四习：复习每个地点上的画面及其对应的原文内容。

案例一：

湖心亭看雪

［明］张岱

崇祯五年十二月，余住西湖。大雪三日，湖中人鸟声俱绝。是日更定矣，余挐一小舟，拥毳衣炉火，独往湖心亭看雪。雾凇沆砀，天与云与山与水，上下一白。湖上影子，惟长堤一痕、湖心亭一点、与余舟一芥，舟中人两三粒而已。

到亭上，有两人铺毡对坐，一童子烧酒炉正沸。见余，大喜曰："湖中焉得更有此人！"拉余同饮。余强饮三大白而别。问其姓氏，是金陵人，客此。及下船，舟子喃喃曰："莫说相公痴，更有痴似相公者！"

大意：崇祯五年（公元1632年）十二月，我住在西湖边。大雪接连下了多天，湖中的行人、飞鸟的声音都消失了。这一天晚上八点左右，我撑着一叶小舟，穿着毛皮衣，带着火炉，独往湖心亭看雪。（湖面上）冰花一片弥漫，天与云与山与水，浑然一体，白茫茫一片。天光湖色全是白皑皑的。湖上影子。只有一道长堤的痕迹、一点湖心亭的轮廓和我的一叶小舟，舟中只有两三个人影罢了。到了湖心亭上，看见有两个人铺好毡子，相对而坐，一个小孩正把酒炉（里的酒）烧得滚沸。（他们）看见我，非常高兴地说："想不到在湖中还会有您这样的人！"（他们）拉着我一同饮酒。我尽力喝了三大杯酒，然后和他们道别。（我）问他们的姓氏，（得知他们）是南京人，在此地客居。等到了下船的时候，船夫喃喃地说："不要说相公您痴，还有像相公您一样痴的人啊！"

按照我们以往的背诵方式，无外乎抱起课本，大声诵读，一遍遍重复，这种方法虽然也能记下，但耗时耗力，且容易遗忘。接下来我们尝试运用地点定位法记下这篇文章的第一段。第二段大家可以参照方法自己进行练习。

现在请大家看第一张图（图3-6）：这是一个小区门口的照片，里面的物品我们已经标上了序号，分别是1石块，2空调，3水管，4婴儿车。请读者闭上双眼，想象着自己走进了这样的一个地方。

图3-6

为了让联想的画面不至于过长，首先需要划分段落，一般来说，一个地点放2~4句话的记忆相对较轻松，最多不超过5句。初学者也可以一个地点放一句。当然，具体也可能因人而异，大家在后续自己背诵的过程中可以多做尝试，找到最适合自己的方式。

地点	原文	画面
石块	崇祯五年十二月，余住西湖。大雪三日，湖中人鸟声俱绝。	"崇祯"想到崇祯皇帝，他坐在石块上，"五年十二月"联想崇祯手上有五个年糕，准备吃到十二月（或者直接记忆数字512，五个椅儿)，"余住西湖"联想崇祯说自己住在西湖（或者崇祯手里一条鱼住在西湖），后面两句直接根据原意联想画面：西湖大雪下了三日，湖中非常寂静，人和鸟的声音都消失（俱绝)。
空调	是日更定矣，余挐一小舟，拥毳衣炉火，独往湖心亭看雪。	第二个地点空调："是日更定矣"联想作者"视日"，想像坐在空调上，看了一眼太阳后更换好了钉鞋（更定矣)，手里拿着一个玩具小舟，紧紧拥抱着毛衣（或者联想毳衣是一件翠绿的毛衣）和炉火，独自一人前往湖心亭看雪。
水管	雾凇沆砀，天与云与山与水，上下一白。	第三个地点水管："雾凇沆砀"联想冰花一片弥漫附着在水管上（或者沾满雾气的松树上有一行铃铛)，"天与云与山与水"可以找规律，从上往下看依次是天—云—山—水。从上往下都是一样的白色（上下一白)。
婴儿车	湖上影子，惟长堤一痕、湖心亭一点、与余舟一芥，舟中人两三粒而已。	第四个地点婴儿车：想象推着婴儿车来到湖边，"湖上影子"联想地点上就是西湖，湖上有个影子，惟长堤一痕、湖心亭一点、与余舟一芥，舟中人两三粒而已。这四句句式大致相同，可以提取关键词联想画面：湖上的影子分别是远处的长堤像一条横线，湖中心的亭子像一个点，我坐的小舟上放一个芥末，舟中总计两三个人像两三粒米。

请闭上双眼，开始回顾每个地点上的画面并复述出本文第一段，如果有个别的字词或者句子一直记不下来，说明笔者的联想不一定适合你，读者可以开动自己的想象力加以转化。

练习材料

按照刚才的方法，我们继续挑战吧：

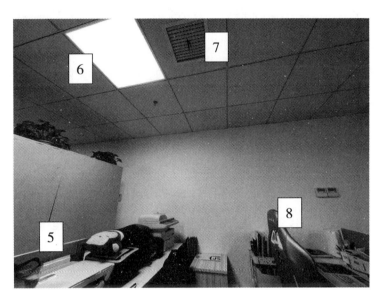

图3-7

地点	原文	画面
桌子	到亭上，有两人铺毡对坐，一童子烧酒炉正沸。	
日光灯	见余，大喜曰："湖中焉得更有此人！"拉余同饮。	
排气扇	余强饮三大白而别。问其姓氏，是金陵人，客此。	
椅子	及下船，舟子喃喃曰："莫说相公痴，更有痴似相公者！"	

如果你成功运用地点定位法记忆了全文，恭喜你挑战成功，如果后面的4句不会联想，没有记下来，也不要气馁。对于初学者来说，定位法记忆古文最难的地方在于不会联想以及不会找地点（随着记忆内容的增加，所需要的地点会越来越多）。如果大家现阶段自己不会联想，可以结合之前我们说的训练方法不断练习，快速扩充地点的方法本书也会在案例结束后给大家分享。

大家已经学习了地点法记忆古文，其实记忆《道德经》和《论语》的方法也是一样的。篇幅原因，这里就不再举例赘述，下面我们看一下长篇的古诗如何记忆。在上一章中我们学习了绘图法记忆古诗，但如果是一篇很长的古诗，再用绘图法会比较麻烦，因此长篇的古诗也推荐使用定位法。本章以《琵琶行》为例，带大家练习。

案例二：

琵琶行（节选）

［唐］白居易

浔阳江头夜送客，枫叶荻花秋瑟瑟。

主人下马客在船，举酒欲饮无管弦。

醉不成欢惨将别，别时茫茫江浸月。

忽闻水上琵琶声，主人忘归客不发。

寻声暗问弹者谁，琵琶声停欲语迟。

定位法记忆古诗的步骤与古文几乎一样，有"读看放习"4步，并且古诗非常便于划分段落，2句或者4句放在一个地点都是可以的。

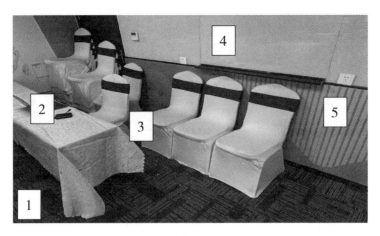

图3-8

如图3-8所示，我们依次从左到右找了5个地点：1地面，2桌子，3椅子，4玻璃，5墙。

接下来我们尝试用这5个地点来记忆《琵琶行》的前10句，如下：

地点	原文	大意	故事
地面	浔阳江头夜送客，枫叶荻花秋瑟瑟。	秋夜我到浔阳江头送一位归客，冷风吹着枫叶和芦花，秋声瑟瑟。	这块地面是属于浔阳，地面上有一条江，晚上的时候江头有个人在送客；旁边的枫叶和芦花在秋季发出瑟瑟声。
桌子	主人下马客在船，举酒欲饮无管弦。	我和客人下马在船上饯别设宴，举起酒杯要饮却无助兴的音乐。	桌子上有个主人，他刚刚下马，桌子前面有条船，船上有个客人。他们一起举起酒杯，却没有管弦乐器。
椅子	醉不成欢惨将别，别时茫茫江浸月。	酒喝得不痛快更伤心将要分别，临别时夜茫茫江水倒映着明月。	坐在椅子上，没有成功喝醉却很惨地要分别，分别的时候，看到茫茫江水倒映着明月。
玻璃	忽闻水上琵琶声，主人忘归客不发。	忽听得江面上传来琵琶清脆声，我忘却了回归客人也不想动身。	忽然，玻璃上出现了水滴，玻璃后有琵琶声，导致我忘记回家，客人忘记走。

（续表）

地点	原文	大意	故事
墙	寻声暗问弹者谁？琵琶声停欲语迟。	寻着声源探问弹琵琶的是何人？琵琶停了许久却迟迟没有动静。	沿着墙，寻着声源探问弹琵琶的是何人？琵琶停在墙边许久却迟迟没有动静。

剩余的篇幅大家可以自行找地点练习，在这里有一个细节请各位注意，在古文古诗的背诵过程中，直接根据原文的意思联想出画面并且记下来是最好的。但大多数时候你会发现，原文意思联想的画面不一定能帮助自己把内容复述出来，这个时候就需要借助记忆法中的谐音、代替或者增减字方法来帮助自己联想出图。

学习完定位法记忆古文后，我们来看一下如何运用这个方法记忆现代文。相比于古文，现代文比较接近正常的说话习惯，较容易理解。大部分现代文描绘的内容相对比较容易联想画面，在记忆的过程中不需要像古文一样逐字逐词转化，我们只需要提取关键词即可，具体步骤如下：

一读：通读原文，理解大意。

二提：为文章划分段落，提取每句话中的关键词。

三放：结合原文的意思，把原文或者关键词联想成画面放在地点上。

四习：回忆画面及关键词，通过关键词复述出原文。

案例三：

从百草园到三味书屋（节选）

鲁迅

不必说碧绿的菜畦，光滑的石井栏，高大的皂荚树，紫红的桑椹；也不必说鸣蝉在树叶里长吟，肥胖的黄蜂伏在菜花上，轻捷的叫天子忽然从草间直窜向云霄里去了。单是周围的短短的泥墙根一带，就有无限趣味。油蛉在这里低唱，蟋蟀们在这里弹琴。翻开断砖来，有时会遇见蜈蚣；还有斑蝥，倘若用手指按住它的脊梁，便会拍的一声，从后窍喷出一阵烟雾。

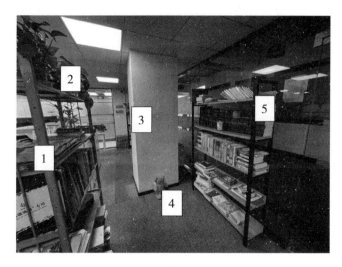

图3-9

如图3-9所示，我们按一定顺序找到了5个地点：1架子，2绿叶，3墙，4地板，5书。

接下来用这5个地点来记忆节选的这一段《从百草园到三味书屋》，如下：

地点	原文	关键词	画面
架子	不必说碧绿的菜畦，光滑的石井栏，高大的皂荚树，紫红的桑椹。	菜畦，石井栏，皂荚树，桑椹	菜畦前面有一个石井栏，石井栏上长着皂荚树，剥开皂荚里面还有桑葚。
绿叶	也不必说鸣蝉在树叶里长吟，肥胖的黄蜂伏在菜花上，轻捷的叫天子忽然从草间直窜向云霄里去了。	鸣蝉，黄蜂，叫天子，草间，云霄	鸣蝉震动着翅膀，扇飞一只黄蜂，黄蜂被叫天子抓住，飞跃草间，直上云霄。

（续表）

地点	原文	关键词	画面
墙	单是周围的短短的泥墙根一带，就有无限趣味。油蛉在这里低唱，蟋蟀们在这里弹琴。	周围，泥墙根，趣味，油蛉，蟋蟀	周围都是泥墙根，很有趣味，跑过去抓来浑身油亮的油蛉和蟋蟀。
地板	翻开断砖来，有时会遇见蜈蚣。	断砖，蜈蚣	翻开断砖里面有蜈蚣。
书	还有斑蝥，倘若用手指按住它的脊梁，便会拍的一声，从后窍喷出一阵烟雾。	斑蝥，按住，脊梁，拍的一声，烟雾	看见一只斑蝥，用手按住脊梁，拍的一声放出烟雾。

请大家闭上双眼，看自己能否回忆起每个地点上的关键词，背下关键词相当于搭好了这篇文章的"框架"，接下来结合原文，把"框架"上的内容复原。我们需要在记下关键词的基础上根据原文的描述去想象这些画面：

关键词	原文关联内容	关键词	原文关联内容	关键词	原文关联内容
菜畦	碧绿的	黄蜂	肥胖，伏在菜花上	断砖	翻开
石井栏	光滑的	叫天子	轻捷，忽然，草间，冲上云霄	蜈蚣	有时会遇见
皂荚树	高大的	泥墙根	单是周围，无限趣味	斑蝥	还有，按住
桑葚	紫红的	油蛉	低吟	脊梁	倘若用手指按住它的脊梁，拍的一声
鸣蝉	树叶里长吟	蟋蟀	唱歌	烟雾	从后背喷出

复述出原文：

> 从百草园到三味书屋

大家有没有发现一个现象：每个地点上的画面大部分都能回忆起来，但是根据关键词不一定能够100%地回忆起原文。但为什么古文在放到地点上后，能够基本背出来呢？

原因其实很简单，我们在前面讲过现代文记忆时只需要提取关键词，而古文在记忆的过程中大部分都需要逐字逐词转化，因此会出现上面遇到的问题，解决现代文无法100%复述出来的问题的方法有2种：

1. 对照原文，多重复记忆几次，第一遍还原60%，第二遍纠正后达到70%，第三遍80%，直至完全正确。

2. 如果在复习的过程中，某些段落中的个别字词总是会遗忘，可以提取出来联想成画面以便于记忆。

在本章的最后，给大家分享2个笔者在教学的过程中碰到的真实案例。第一个案例：有一个从未学习过记忆方法的家长，在很短的时间内背完了《祖父的园子》和《少年中国说》（之前也没有学过这两篇文章）。我问他是怎么记的，他说自己并不是直接用朗读的方式，而是先找规律。比如《少年中国说》有很多相似的句式，他只记其中不同的关键词；《祖父的园子》里有花、鸟、虫子和倭瓜等关键词，他也会优先提取出来进行记忆。大家可以明显地感受到，这其实就是我们本章定位法中所强调的一个点：优先提取关键词进行记忆。很多人并不是天生记忆力好，而是他们在背诵的过程中使用了一些技巧，哪怕没有系统地运用记忆法，效率也高于死记硬背。大家如果能够系统地掌握和运用记忆法，一定能大幅度提高记忆的效率。

第二个案例也是一个家长，在学习完定位法记忆文章后，她提出了一个疑问：自己平时比较喜欢看书，有一定的文学功底，能够根据原文直接想出一个完整的故事画面记下来，是否还需要借助于定位法呢？对于这个问题，笔者先聊一下个人看法：我们学记忆法的目的是帮助自己更好、更快地记忆，同一种方法并一定适用于所有人，但每个人一定有最适合自己的方法。所以，如果你能根据原文想象出完整的故事画面，甚至能够像看电影一样把文章记下来，那就不需要借助定位法。但大部分人不一定有这样的文学功底，还是需要运用定位法分段记忆，减轻记忆和复习的压力。因此，读者可以根据自身情况，多做尝试，找到最适合自己的方式。

练习材料

请使用定位法来记忆下面这段文字。

从百草园到三味书屋（节选）

鲁迅

何首乌藤和木莲藤缠络着，木莲有莲房一般的果实，何首乌有臃肿的根。有人说，何首乌根是有像人形的，吃了便可以成仙，我于是常常拔它起来，牵连不断地拔起来，也曾因此弄坏了泥墙，却从来没有见过有一块根像人样。如果不怕刺，还可以摘到覆盆子，像小珊瑚珠攒成的小球，又酸又甜，色味都比桑椹要好得远。

第四节　扩充地点的方法

至此，我们已经带大家系统地学习了地点定位法，大家在实践中会遇到哪些阻碍呢？这个方法本身并不难理解，难就难在自己不会联想，不会灵活变通地运用。也有些读者可能觉得找地点太麻烦，或者是自己不会找地点。关于如何训练联想能力，大家可以参考绘图法那一章提供的方法，本章将为大家详细地讲解扩充地点的方法。

常用的地点类型可以归结为两大类：图片地点和现实生活中找的地点。在本书的地点法中为大家提供的地点就属于图片地点。这种地点的优点就在于很容易找，网络上随便搜索一些房间或者景点的照片都可以用。但缺点也比较明显，只看图片的方式很考验想象能力，使用者要能在脑海中想象出图片中给到的场景，有部分读者可能会觉得想不出来或者不好想。那么遇到这种情况，就可以考虑在现实生活中扩充地点，用这种方式找到的地点是自己亲自去过的地方，联想和记忆的效果相对来说会更好，但难点就在于初学者不会找。

笔者脑海中有将近8000个现实生活中找的地点，里面存放着《大学》《弟子规》《道德经》《英汉词典》等多本书籍，以及比赛的专用地点。接下来我们正式进入地点的扩充方法。

首先，找地点需要借助摄像工具，如手机、相机。有的人习惯录视频，有的人可能习惯拍照片，大家找到适合自己的方式即可。笔者使用的是前者。在确认地点后，用手机录制视频的方法记录，如果担心内存不够，可以上传至电脑或其他设备（如平板电脑）。

确认了工具后，我们一般可以先在家里找地点，家里的空间用完后，大家可以去小区、学校或者公园寻找。另外，为了保证安全，一般不建议在车流量大的路边找地点。笔者的习惯是去各个大学里找地点，原因有两个：一是大学里的建筑比较有特色，重复的概率较小；二是大学场地一般来说都比较大，如果掌握方法并且熟悉找地点的套路，一所大学校园能够找500~1500个地点。

来到适合找地点的场地后，我们来看一下找地点的细节。为了方便管理，笔者的习惯是5个地点一小组，10个地点一大组，一般从路的左边找5个，再过渡到右边找5个，并向前不断推进。这种方式的优势在于一次性找5个比较容易，左右推进也可以尽量节约空间。

每个小组的5个地点如何确认呢？请大家看下面的几幅图（图3-10）：

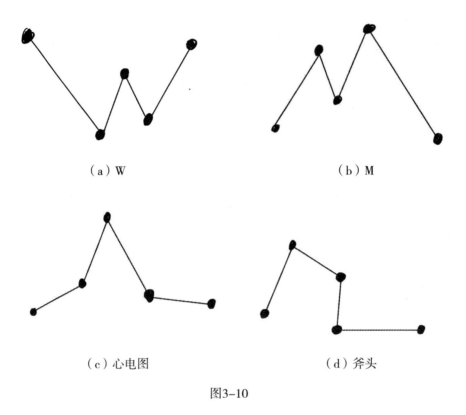

（a）W   （b）M

（c）心电图   （d）斧头

图3-10

仔细观察，可以发现每张图上都有5个点，你可以把它们理解为找地点的"模板"，在找地点的过程中可以套用这4种"模板"，以图3-11所在的场景为例，我们可以先在左边按照W的走势找到5个地点，再过渡到右边找一个W，以4种模板随机交替的方式一直往下推进。这里要强调下，向下推进一定要遵循一个方向的原则，如顺时针、逆时针、一直向前等。

图3-11

在套用模板的时候，大家需要注意两个细节：一是地点不能全部集中在一个面上，比如在同一堵墙上找5个地点就有可能会混淆。一般来说，一个平面上找的地点已经超过3个，就不能继续在这个面上寻找了。二是地点与地点之间的距离要适中，以笔者的个人经验来说，每两个地点的距离在1~3米的范围波动都是可行的，大家可以根据自身实际情况做调整。

随着地点数量的增减，问题随之而来：只用这4种模板，会不会导致地点的混淆呢？答案是肯定的。那么如何在只使用4个模板的前提下尽可能避免重复呢？请看下面两幅图（图3-12）：

（a）　　　　　　　　　　　（b）

图3-12

发现了吗？这两张图都是W，在实际找地点的时候，我们可以重复使用相同的模板，通过不断调整地点间距离和角度的方式来避免混淆。

细心的读者可能又会发现一个问题：套用模板确实能大幅度提高速度，改变模板的距离和角度能够避免重复，但是生活中的物品说到底就那么多，如果每次都是一棵树的树顶或者一个路边的栏杆，该怎样区分呢？回答这个问题前，我们先了解一下地点的使用方式。

就像武侠小说里的武功有着不同的流派，有关地点的使用也因人而异，大体可分为两种：一是记住地点是什么，在什么位置，有哪些细节，在记忆的过程中会把地点也加入画面里；二是只记地点的大致背景和位置，把地点当成一个舞台，记忆时联想的画面放在舞台的不同位置。

两种方式各有优劣，第一种找地点的方式相对比较耗时间，但用来记东西时更稳定；第二种方式找地点非常快，且不需要刻意去记地点的细节，复习压力较小，但是前期需要花时间适应。笔者采用的是第二种，当你不刻意地去记地点是什么的时候，上面的问题就迎刃而解：既然担心重复，干脆只记地点所在的背景和位置。如果你是使用第一种，你可以通过改变地点角度或者是破坏地点来区分。

最后，地点拍摄下来后，也需要复习。大家可以边看视频（或照片），边在脑海中想象自己走过的路。即使地点很多也没关系，以笔者的亲身经历来说，一次性找500个地点，晚上过两三遍基本就可以使用了。同时在使用地点的过程中，也是顺带着复习地点，所以只要记录+复习+使用三大步都做到了，大家基本不用担心地点会容易遗忘。

第五节　如何背下一整本书

　　大家可能在一些脑力挑战节目中看到过选手背下一整本的《新华字典》《英汉词典》或其他的书籍，并且点哪一页就能够复述出这一页的内容。这是如何做到的呢？其实主要用到的就是我们前面提到的地点定位法，多准备一些地点即可。

　　那么如何记下原文的内容和页码呢？假设之前大家背过的《琵琶行》是某本古诗集的第14首，在第87页，在背诵这篇古诗的第一个地点上放数字14和87，联想"一把钥匙落在白棋上"的画面，并且规定第一个数字是章节，第二个数字是页码即可。

　　我们的编码只有100个，书籍超过100页怎么办？不如从地点上找找思路。笔者是这样处理的：假定要背的这本书有500页，可以将地点划分成5个片区，然后规定第一个片区要记的内容是1~100页，第二个片区记的是101~200页，以此类推。这样在记超过100的页码的时候就可以跳到对应的片区，比如167页，在第二个片区对应的地点上记一个67即可。

　　其实背下一本书，需要的不仅仅是方法，更重要的是自身的信念，就像跑马拉松一样需要坚持。当你真的完成了这件事，你会发现它带给你的不仅是成就感和记忆能力的提升，更是一种迎难而上、坚持不懈的品质，这种品质无论在任何地方，都能给你带来巨大的帮助。

　　至此，我们以语文为例，为大家讲解了文字信息的记忆方法，其他学科的记忆方法后面章节会讲到。回顾这一章，我们学习了三大记忆方法，分别是故事法、绘图法和定位法，三者适用的类型分别是短篇、中篇和长篇。当然这也不是绝对的，各位读者在实际运用的过程中可以选择自己更喜欢的方法，先把一种方法练习到极致，其他的自然一通百通。

第四章

英文类型信息记忆
CHAPTER 4

接下来我们将进入英文类信息的记忆，先学习英语单词记忆方法，再学习英语文章记忆方法。

第一节　自然拼读法

自然拼读法（Phonics），就是通过音标，将英文单词发音与特定的字母组合关联起来的方法。有人做过统计：英文当中70%左右的单词，我们可以通过其发音拼写出单词，或者是通过单词拼写反推出它的发音。

自然拼读法的作用主要有以下3个方面：

1. 在我们知道读音的前提下，加深我们对于单词拼写的印象。

2. 在我们知道拼写的前提下，加深我们对于单词读音的印象。

3. 单词越长，自然拼读法越管用。

自然拼读法作为一种初步建立我们英语语感的方法，应该是在英语学习的最开始阶段，就要系统学习的。当然，自然拼读法对于所有年龄段的外语学习者都是有必要掌握的，按照语言培养的自然规律，学习自然拼读法，越早越好。

要掌握单词拼写与发音之间的规律，系统学习自然拼读法的前提是准确且熟练地掌握48个国际音标，读准每一个单词。

还可以把包含同一元音的单词归为一类集中操练，读起来朗朗上口，特别过瘾！通过发音背单词不但能记住单词，更能练出地道发音！

第二节　词根词缀法

这个方法是公认的比较科学的方法，不花哨，只专注于单词本身。我们先把原理介绍给大家，如果感兴趣，你们可以去买相关书籍看看。

什么是词根词缀？我们知道，汉字都是有偏旁部首的，我们小时候记汉字常会把汉字拆成多个部分来记，如"赢"，亡—口—月—贝—凡。

其实英语单词也是一样的道理，一个单词，往往也是由"偏旁部首"构成的，我们叫它们"词根词缀"。所以熟练运用词根词缀法可以巧记英语单词。

例如，computer（电脑）、comment（评论）、complete（完成）、company（公司）、common（常见的），这些单词开头都有com-，它就是一个词缀。

词缀，按在单词中的位置，分为前缀和后缀，它们可以决定一个单词的词性，或部分含义。

单词构成：前缀+词根（必有）+后缀

前缀：改变单词意思；后缀：改变单词性质

比如：

词根	加前缀	加后缀
happy高兴的	unhappy不高兴的	happiness幸福
health健康	unhealth病态	healthy健康的
different不同的	indifferent漠不关心的	difference不同

了解了词根词缀，把常见的词根词缀都记住，就可以很容易地记忆一些比较有规律的单词，在考试的时候遇见一些单词，即使你不认识，也可以大致猜出意思来，这就是学习词根词缀的好处。市面上有一些专门研究词根词缀的书，大家也可以买来学习一下。

第三节 句子法

用句子去记忆单词的可以说是一种形象记忆法了，紧凑形象，有趣而不枯燥。温故而知新，有很多人研究了用100个句子记忆几千个单词的方法，经常熟读效果也不错。

单词离不开句子，熟读句子，在句意中巧记单词。比如：

单词	句子
truck卡车	The truck was carrying a load of sand. 卡车装运一车沙子。
symbol符号	Using many symbols makes it possible to put a large amount of information on a single map.使用多种多样的符号可以在一张地图里放进大量的信息。

第四节 串联记忆法

把拼写类似的单词串在一起来巧记英语单词，或把一些词语很押韵、很流畅地念出来或者唱出来。多读几遍，方便记忆。

单词	串联
dad 爸爸 bad 坏的 sad 难过	有个dad，脾气bad，让人sad。
cake 蛋糕 lake 湖 late 晚了	吃着cake，来到lake，已经late。
net 网 get 得到 wet 湿了	撒下net，鱼没get，衣服wet。
pig 猪 big 大 dig 挖	一只pig，非常big，把洞dig。
kite 风筝 white 白色 bite 咬	一只kite，颜色white，被狗bite。
pot 锅 hot 热的 lot 许多	拿出pot，饭菜hot，剩下lot。
nose 鼻子 rose 玫瑰 close 闭上	用我nose，去闻rose，眼睛close。
gun 枪 sun 太阳 run 跑	举着gun，瞄准sun，不停run。
car 车 star 星星 far 遥远	开着car，看着star，路途far。
driver 司机 river 河里 over 结束	一个driver，掉进river，生命over。

第五节　归纳记忆法

归纳记忆就是把意思有关系的单词放在一起来记。按词义不同，将所学到的单词进行分类，这样提到一个，便联想到一串。例如，有关动物的单词，可按飞禽、走兽、虫鱼等分类记忆。

类别	单词
走兽	dragon（龙），camel（骆驼），elephant（大象），cattle（牛），donkey（驴），lion（狮子），tiger（老虎），leopard（豹），wolf（狼），deer（鹿），sheep（绵羊），pig（猪），monkey（猴子），ape（猿），bear（熊），fox（狐狸），rabbit（兔子），mouse（老鼠），ant（蚂蚁）
季节	spring（春），summer（夏），autumn（秋），winter（冬）

（续表）

类别	单词
月份	January（一月），February（二月），March（三月），April（四月），May（五月），June（六月），July（七月），August（八月），September（九月），October（十月），November（十一月），December（十二月）
星期	Sunday（周日），Monday（周一），Tuesday（周二），Wednesday（周三），Thursday（周四），Friday（周五），Saturday（周六）
车类	car（汽车），bike（自行车），jeep（吉普车），truck（卡车），train（火车）
颜色	red（红色），yellow（黄色），blue（蓝色），white（白色），black（黑色），green（绿色），orange（橙色），brown（棕色），gray（灰色），pale（灰白色），pink（粉色），purple（紫色）
动作	beat（击败），strike（击打），drag（拖），push（推），pull（拉），grasp（抓），kick（踢），trample（踩），knock（敲击），dig（挖掘），hoe（松土），saw（锯），pour（倒），pick（选择），tear（撕裂），shake（摇动），wipe（擦），sweep（打扫），dust（掸灰），tie（系牢），hang（悬挂），press（按），shave（剃），count（数），copy（抄写）

以上5种方法都是比较常见的记忆方法，平时可能也有些在使用，接下来分享一些高效的记忆方法。

第六节 字母编码

字母编码指的是将英文字母像数字一样进行编码，那么理论上任何单词都可以用编码的方法来记忆了。

这里给大家提供26个字母的参考编码。

字母	编码	记忆方法	字母	编码	记忆方法
a	苹果	apple的缩写	n	门	形状
b	笔	谐音	o	鸡蛋	形状
c	月亮	形状	p	皮鞋	谐音
d	弟弟	谐音	q	气球	形状
e	鹅	拼音	r	小芽	形状
f	斧头	形状和谐音	s	蛇	形状
g	哥哥	谐音	t	雨伞	形状
h	椅子	形状	u	杯子	形状
i	蜡烛	形状	v	漏斗	形状
j	钩子	形状	w	皇冠	形状
k	机关枪	形状	x	剪刀	形状
l	棍子	形状	y	弹弓	形状
m	麦当劳	形状	z	闪电	形状

上述编码仅供参考，实际上可以根据情况做一些调整。

请创建你自己的大写英文字母编码表。

字母	编码	字母	编码	字母	编码	字母	编码
A		H		O		V	
B		I		P		W	
C		J		Q		X	
D		K		R		Y	
E		L		S		Z	
F		M		T			
G		N		U			

接下来让我们尝试一下使用字母编码来记忆单词。比如：

单词	编码	联想
cup杯子	c月亮+u水杯+p皮鞋	水杯上面是个月亮，下面是个皮鞋。
dog 狗	d弟弟+o鸡蛋+g哥哥	弟弟拿着鸡蛋和哥哥换狗。

练习材料

单词	编码	联想
cat猫		
duck鸭子		

但是大家有没有发现，有些人在用编码后记忆反而更困难了，这是因为我们前面学的是一级编码，实际上还有二级编码，多运用二级编码会事半功倍。

二级编码和一级编码转化方法差不多，可以通过拼音，这里的拼音包含全拼、半拼、拼音首字母等，比如ti梯，fi飞，st石头等；也可以通过发音，比如tion谐音神或者肾。

以下是一套二级编码表。

字母	编码	字母	编码	字母	编码	字母	编码
ab	阿伯	ac	爱车	ad	阿弟	al	阿狸
ap	阿婆	ar	爱人	bl	玻璃	br	病人
ch	床	ck	刺客	co	可乐	com	网
con	葱	cr	超人	ct	锄头	cy	苍蝇
de	德国	dis	的士	dr	敌人	dy	电影
ee	眼睛	el	二楼	em	恶魔	en	恩
er	儿	es	耳饰	et	外星人	ex	一休

（续表）

字母	编码	字母	编码	字母	编码	字母	编码
fe	飞蛾	ff	狒狒	fi	飞机	fl	飞龙
fr	飞人	gl	鬼脸	gr	工人	ho	火
hy	花园	ic	IC卡	ing	鹰	ld	铃铛
lf	礼服	lish	历史	lt	老头	ly	鲤鱼
mb	面包	ment	门头	mp	名片	ne	哪吒
ob	元宝	op	藕片	or	猿人	ous	藕丝
pe	胖鹅	ph	喷壶	pr	仆人	pro	东坡肉
pt	葡萄	rm	人马	ry	人鱼	scr	四川人
sh	水壶	sion	女神	sp	食品	st	石头
th	弹簧	tion	男神	tr	土壤	ve	维生素E
we	娃儿	xp	橡皮	ys	医生	ze	选择

上面的二级编码只是给大家作参考，实际上可以设计更多常见多个字母的编码，这就有些类似于词根词缀了，只是你编码的这个字母组合不是词根词缀或者熟词，只是为了让记忆更加成块化，这样效率也就更高了。

有了二级编码，我们再来看看单词的记忆。

单词	编码	联想
pork猪肉	po婆婆+rk肉块	婆婆用猪肉做肉块。
cock公鸡		

练习材料

单词	编码	联想
frog青蛙		
dragon龙		

第七节　比较记忆法

在记忆英语单词的时候，总会遇到大量的形近单词，一不小心就混淆了，我们需要对这一点加以重视，将长得相似的单词组合在一起记忆，记忆的效果会更好。

情况一：两个都认识，但是不好区分

单词1	单词2	联想
policy政策，方针	police警察	政策是才有（cy）的，警察测量（ce）。
sheet被单，被褥	sheep绵羊	山坡（p）上的绵羊在被单里睡觉，还不时踢（t）被子。
gaze盯，凝视	game比赛	盯着（z）比赛。

情况二：一个认识，一个不认识

单词1	单词2	联想
money钱	monkey猴子	通过对比我们发现monkey这个单词比money多了一个字母k，k排在倒数第三个。通过前面的学习我们知道k的编码是机关枪，我们想象猴子拿了钱以后，倒数3秒就买了机关枪。
book书	boot靴子	k的编码是机关枪，t的编码是雨伞。想象书上画着机关枪，穿着靴子要打伞。
time时间	emit发出	通过观察我们发现这两个单词是反过来的，时间倒数5、4、3、2、1，发出了一些声音。
right正确	right权利	这个属于一个单词多个不同意思，只需要把两个意思编故事就可以了。回答正确的人才能有更多的权力。

练习材料

单词1	单词2	联想/分析
fox狐狸	foxy 狡猾的	
door门	rood十字架	
dog狗	God上帝	
watch观看	watch手表	

第八节　画图记忆法

简单来说就是把单词变成一张图，变得非常生动形象，容易记忆。年龄偏小的孩子特别喜欢这种方法。

单词	图画
close关闭	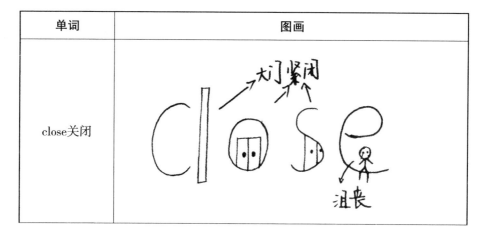

（续表）

单词	图画
rain雨	 呼～幸好我有伞　雨

练习材料

单词	图画
deep深的	
happy开心的	

第九节　谐音法

　　所有学习过单词速记的学生和老师都知道"谐音法"，但是现在有很多人并不了解学习"谐音法"的真正目的，以及学习后能够达到一种什么样的效果。使用"谐音法"来记忆单词的最终目的是让我们能够做到"听音知意"，即当学生听到单词的读音时，便可以通过联想知道这个单词的汉语意思。

简单来说就是用谐音法对单词发音进行联想记忆，将中文意思插入联想中。比如：

单词	谐音	联想
abolish废除	鹅玻璃洗	废除鹅在玻璃上洗（东西）。
education教育	爱的开心	拥有爱的教育让学生很开心。
pork猪肉	破壳	破壳里藏着猪肉。

练习材料

单词	谐音	联想
pest害虫	拍死他	
strong强壮	死状	
coffin棺材		
admire 羡慕		
hair 头发		

第十节　熟词记忆法

熟词记忆法，简单来说就是用熟悉的单词来记不熟悉的单词。英语中有很多单词是由两个或者两个以上的单词组合而成的。合词法（composition）是把两个或两个以上的词，按照一定的次序排列构成新词的方法。

用这种方法构成的新词叫作合成词（compounding words）。在记忆单词的时候，不妨注意观察一下，哪些单词是由两个单词合成的，这样分组记忆会比较节省时间。把合成词拆分开来记忆，单词就会变短，也会变得更容易记住。比如：

合成词	词素1	词素2	联想
handbag 手提包	hand 手	bag 包	用手提着的包叫手提包
goldfish 金鱼	gold 金、金子	fish 鱼	金色的鱼叫金鱼
basketball 篮球	basket 篮子	ball 球	投在像篮子似的筐里的球叫篮球
football 足球	foot 脚	ball 球	用脚踢的球叫足球
blackboard 黑板	black 黑色	board 板子	黑色的板子就是黑板
playground操场	play玩	ground场地	同学们玩的场地就是操场
blackboard黑板	black黑	board木板	黑色的木板简称黑板
catwalk狭窄的过道	cat猫	walk走	猫喜欢走狭窄的过道
kidnap绑架	kid小孩	nap小睡	小孩小睡的时候容易被绑架

练习材料

合成词	词素1	词素2	联想
schoolbag			
bathroom			
butterfly			
everybody			
bedroom			

（续表）

合成词	词素1	词素2	联想
strawberry			
watermelon			
armchair			

第十一节　拼音法

通过中文拼音编码来记忆，拼音法快速记单词要点：一是找出模块；二是展开联想。

这个方法适用于有完整拼音的单词记忆。

比如，change（改变）可以拆分成2个模块：chang和e，分别是嫦和娥的拼音；然后展开联想就是：嫦娥改变了月球。

联想当中包含单词的意思，记住这句中文就可以记住单词的拼写和意思了。下面再看几个例子。

单词	编码	联想
bare赤裸的	ba爸+re热	爸爸很热，于是脱掉衣服就赤裸了。
nature自然	na那+tu兔+re热	那只刚抓到的大自然里的兔子身上很热。
damage损失	da大+ma妈+ge哥	大妈问哥哥有什么损失。
base基地，基础	ba和se，分别是八和色的拼音	猪八戒很好色，它的基地是高老庄。

练习材料

单词	编码	联想
long长		
run跑		
bandage绷带		
language语言		

第十二节 综合法

把以上多种方法结合在一起，想办法把抽象的字母转化为形象的词语，然后和单词的中文意思编故事。比如：

单词	编码	联想
boom繁荣	boo600+m麦当劳	周围开了600家麦当劳，真是繁荣呀!
assess 评估	a苹果+ss两条蛇+e鹅+ss两条蛇	吃着苹果的两条蛇评估吃鹅的两条蛇。
snack小吃	s蛇+na拿+ck刺客	蛇拿走了刺客的小吃。
library图书馆	li里+br病人+a苹果+ry人鱼	图书馆里面有个病人把苹果送给了人鱼。
chill寒冷的	chi吃+ll筷子	吃着寒冷的筷子。
essay 散文	es二十+say说	二十篇散文，他一口气都说出来了。

练习材料

单词	编码	联想
eraser橡皮		

（续表）

单词	编码	联想
brown棕色；棕色的		
panda大熊猫		
Canada加拿大		
fruit水果		
twenty二十		
fan风扇		
quiet安静的		
bathroom卫生间		
chopsticks筷子		

第五章

图片及其他信息记忆
CHAPTER 5

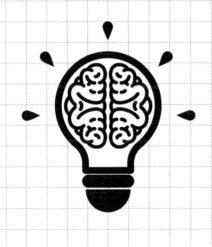

我们已经知道，常见的信息类型大致可分为4大种：数字、中文、英文和图片。前3种的记忆方法我们已经学过，有了这些基础，图片类型信息的记忆其实非常简单。本章我们学习图片信息以及其他信息的记忆方法，当然最终的目的是希望大家融会贯通，把这些方法拓展到任何领域。

记忆图片信息的方法很简单：抓住图片的一到两个特征，进行联想。

本章将分享4个板块的记忆。

但只要你愿意探索和思考，能够记忆的远远不止这些，大家在平时生活和学习中遇到类似的记忆场景时，也可以活学活用，不断拓展记忆法的应用范围。

第一节　人名头像记忆

许多人都有过这样的经历：一转眼就忘了刚刚认识的人叫什么名字，甚至是一开始就由于对方的名字拗口等原因而根本没有记住。

想象一下，如果有人仅与你有过一面之缘，却能在再见到你时就亲切地叫出你的名字，向你问候，你会有什么感觉呢？你一定会很高兴，觉得人家很重视你，因此也自然会对他产生好感。同样地，若你能记住他人的名字，也能给他人创造良好的印象，让他人对你产生信任感。

很多人可能也已经意识到了记住人名的种种好处，但却总感觉做不到；要么觉得这个人面熟但叫不出名字，要么能叫出名字但又与人对不上号。那怎么解决这类问题呢？

这里教给大家一个简单的记忆人名与头像的方法，只有3个步骤：

第一步：找出头像的特点，把某个（些）特点进行放大、夸张

在这一步里面，我们可以把人头的特点进行分类：

脸形：国字脸、圆脸、中字脸、由字脸、甲字脸、倒三角脸等。

眉毛：一字眉、三角眉、剑眉上扬、八字眉、浓眉、淡眉等。

嘴唇：M形唇、微笑唇、嘟嘟唇、外翻唇、香肠唇等。

鼻子：平实鼻、塌鼻、鹰钩鼻、朝天鼻、翘头鼻、厚实鼻、肉鼻子等。

刘海：空气刘海、齐刘海、斜刘海、八字刘海等。

额头：额头川字纹、额头三才纹、额头王字纹、额头天柱纹、额头偃月纹、额头仰月纹、额头交叉纹、额头悬针纹、额头折曲纹、额头八字纹等。

耳朵：招风耳、菜花耳、隐耳、杯状耳、大耳垂等。

第二步：把名字转换为容易记忆的图像

可以参考前面学的抽象转形象的方法。

第三步：把头像特点与名字图像进行联想，看到头像就想起名字，或看到名字就想起头像

那咱们用高强老师来举例一下：

第一步：找出头像的特点，把某个（些）特点进行放大、夸张

从这张图我们可以看出高强老师的发际线较高，长方形的脸，眉毛很浓，像大雁的翅膀，脖子还比较长。我们可以把这个图像想象成一只方形脸，头顶毛发竖起来的大雁。

第二步：把名字转换为容易记忆的图像

对于"高强"这个名字可以有2种联想：一是很高的墙；二是武功高强。

第三步：把头像特点与名字图像进行联想，看到头像就想起名字，或看到名字就想起头像

根据第二步的2种联想，这里可以有2种记忆方法：

1. 一只方形脸、头顶毛发竖起来的大雁，站在一堵很高的墙上面，像金鸡独立那样站着。

2. 一只方形脸、头顶毛发竖起来的大雁，它武功高强！它的武功高强到和《神雕侠侣》里面那只传说中的雕一样厉害！

这样我们就能非常印象深刻地记住高强老师的样子和名字了。

我们再用覃雷老师的头像举例：

第一步：找出头像的特点，把某个（些）特点进行放大、夸张

从这张图我们可以看出：覃雷老师短发，偏圆脸，眉毛较淡，眼睛像月牙。我们可以把它想象成农历十五的圆月亮，但是长了毛，好像在微笑。

第二步：把名字转换为容易记忆的图像

覃雷，覃字读qín，谐音"晴"，因此，"覃雷"可以想象成晴天打雷的画面。

第三步：把头像特点与名字图像进行联想，看到头像就想起名字，或看到名字就想起头像

想象在晴天打雷的画面下，竟然还有一轮长毛的微笑的月亮挂在天空中。是不是很有趣，很奇怪？这样我们就把覃雷老师的形象和名字给深深地记住了。

当然如果大家只是在某些特定场合中需要记住一些人，还可以去记住他们服装的特色，或者配饰、身材特点等，一切让你印象深刻的点都可以用于加深记忆效果。

练习材料

这里给出张哲老师的头像，想想你可以怎么去记住他呢？

记人名的关键之一是记住姓，因为姓氏是许多人名重复的部分，且它们常常是抽象词。如果提前将姓氏编码并记忆下来，对于在生活或比赛中记忆人名头像将会有很大帮助。

下面提供了一些姓氏的转换示范，仅供参考。

姓氏	图像联想参考	姓氏	图像联想参考	姓氏	图像联想参考
白	白头发、白雪	廖	小鸟	卫	门卫、守卫
毕	匕首	林	树林	文	蚊子
蔡	青菜	凌	铃铛	翁	老翁
曹	青草	刘	流星	邬	乌龟、乌云

第二节　车牌快速记忆

一、车牌的颜色

车牌颜色	分类
白色	军牌、警牌
黄色	普通大型车辆
黑色	外国人员在中国投资者，或者重要人物
绿色	新能源汽车
蓝色	普通小车

注：绿色车牌的位数由5位上升到6位，同时只用两种字母：D和F。D代表纯电动，F代表油电混合。

二、车牌的组成

这里以蓝色车牌为例：车牌号包含该车户口所在省的简称、各地级市字母代码、5位车牌号。

如上图所示，第一个汉字"苏"代表该车户口所在的省份为江苏省。

第二个字母U代表苏州。第二位的英文字母代表车户口所在地级市的一级代码。也就是说，如果A是省会，大部分情况B是该省第二大城市，那么C则是该省第三大城市，依此类推。但是有时候因为有些地区大小的缘故，有两个甚至几个地区会共用一个字母。

后5位数字在理论上代表是该车在该省该地区第几个上了牌照，车牌号越大说明车子上牌照的时间越短，也就说明车子越新。但车牌号只有5位，若上牌的车的数量超过的话，这5位码的第一位就改用字母A，后面四位还是用0001~9999来代替，用完后再将A改为B，后面四位再用0001~9999，以此类推。

5位车牌号序号编码规则有3种，分别是：

1. 序号的每一位都使用阿拉伯数字。

2. 序号的每一位单独使用英文字母，26个英文字母中的O和I不能使用。

3. 序号中允许出现2位英文字母，26个英文字母中O和I不能使用。

三、车牌记忆的方法

经过分析我们知道车牌由数字和字母组成，那么我们就可以用到00~99

的数字编码，还有24个字母编码（因为车牌里没有I和O），然后利用故事法、串连法将车牌中出现的编码联想串连起来。

记忆的步骤为：

1. 打造自己的数字编码，将数字转化成图片。

2. 打造自己的字母编码，将字母转化成图片。

3. 发挥想象力，通过联想故事或图片形成的画面感，将图片与图片联系起来。

下面我们来看几个例子：

车牌	使用的编码	联想
鄂A 36142	鄂（鳄鱼）、A（苹果）、36（山鹿）、14（钥匙）、2（鸭子）	有一只鳄鱼吃着一个苹果，又吃了一只山鹿，结果被山鹿脖子上一把钥匙卡住，钥匙上面画着一只鸭子。

这样我们通过记位这个奇怪的故事，很快速地记忆了这个车牌，并且记得很牢靠。

那如果车牌里有字母怎么办呢？

车牌	使用的编码	联想
鄂A3H790	鄂（鳄鱼）、A（苹果）、3H（3把椅子）、79（气球）、0（蛋）	鳄鱼吃着一个苹果，坐在3把椅子上，生了一个气球和一个蛋。
京GR9527	京（北京）、GR（工人）、95（酒壶）、27（耳机）	一个北京工人一边拿着酒壶喝酒，一边带着耳机听歌。
鄂E641S7	鄂（鹅）、E（小鹅）、64（螺丝）、1S（一条蛇）、7（镰刀）	一大一小2只鹅在吃螺丝，不料碰到了一条蛇，而蛇正缠在一把镰刀上面。

以上就是关于车牌的记忆方法，掌握越熟练，记忆的速度越快、效果越好。

在这个记忆过程中，大家可以发现数字记忆是最常见，也是最重要的。主要有以下3个原因：

第一，阿拉伯数字是全世界通用的。

第二，数字是日常学习、工作和生活中很常见的内容，我们经常要记一些与数字相关的信息，除了车牌，还有电话、地址、商品价格等。

第三，数字记忆是抽象且困难的，如果我们能把数字转化成容易记忆的图像，那么在记忆数字的时候，其实也就相当于在记忆图像或者故事，难度也就降低了。

所以这里再次强调，一定要把数字记忆的基础打牢靠。

练习材料

尝试记忆下面3个车牌：

宁A59H68

黑CG8732

川B72R09

第三节　化学知识记忆

学习过化学的同学都知道，元素周期表是我们必须要记住的，记忆得越熟悉、越准确，我们做题的时候速度就越快，这里我们就讲一讲关于常见元素化学式的记忆方法。

一、常见元素符号

记元素符号类似记单词，比记单词简单一些，这里需要注意元素符号第一个字母要大写。

元素名称	元素符号	字母编码	联想
氢	H	椅子	椅子很轻（氢）。
碳	C	月亮	探（碳）索月亮。
锂	Li	—	Li就是锂的拼音。
锰	Mn	美女	美女很猛（锰）

记忆方法总结：将元素名称和英文字母编码进行联想，编成一幅图画或者故事。

练习材料

元素名称	元素符号	字母编码	联想
氮	N		
氧	O		
氟	F		
硅	Si		
磷	P		
硫	S		
钠	Na		
镁	Mg		
铝	Al		

二、常见元素化合价

除了元素符号外，我们一些常见的化合价的记忆也很重要，下面我就一些常见元素的化合价来举例说明：

元素名称	元素符号	常见化合价	元素名称	元素符号	常见化合价
钾	K	+1	氢	H	+1
钠	Na	+1	氟	F	−1
银	Ag	+1	氯	Cl	−1，+1，+5，+7
钙	Ca	+2	溴	Br	−1
镁	Mg	+2	氧	O	−2
钡	Ba	+1，+2	硫	S	−2，+4，+6
铜	Cu	+1，+2	碳	C	+2，+4
铁	Fe	+2，+3	硅	Si	+4
铝	Al	+3	氮	N	−3，+2，+4，+5
锌	Zn	+2	磷	P	−3，+3，+5

我们通过观察发现：

化合价	元素名称	谐音记忆	尝试还原
+1	钾、钠、银、钡、铜、氢、氯	一个人嫁了人，背青绿桶。	一个人嫁（钾）了（钠）人（银），背（钡）青（氢）绿（氯）桶（铜）。
+2	钙、镁、钡、铜、铁、锌、碳、氮	当两个人盖美丽的被子，弹新铁桶。	
+3	铝、铁、磷	三女拎铁。	
+4	硅、硫、碳、氮	四牛鬼弹蛋。	
+5	氯、氮、磷	五零绿蛋。	

（续表）

化合价	元素名称	谐音记忆	尝试还原
+6	硫	六谐音硫。	
+7	氯	绿色油漆。	
−1	氟、氯、溴	一父休妇女。	
−2	氧、硫	二父养牛。	
−3	氮、磷	三幅铃铛。	

请读者根据谐音尝试还原记忆的元素。

小常识：金属一般是正价。一般元素同时有正价和负价的化合价，它们的最大价和最小价绝对值相加等于8。比如：

元素名称	最大价	最小价	化合价绝对值的和
氯	+7	−1	$|+7|+|−1|=8$
硫	+6	−2	$|+6|+|−2|=8$
氮	+5	−3	$|+5|+|−3|=8$

三、化合物颜色记忆

在化学知识的学习过程中，我们经常会记忆一些化学反应的颜色变化，它们的颜色虽然是具体的，但放在一起很容易混淆，那我们可以把这些颜色更加具体化，这样我们的记忆也会更加清晰。

转化方法如下：

颜色	无	白色	红色	绿色	蓝色	黑色	黄色	紫色	褐色	棕色
转化	水	白雪	红花	小草	海洋	黑衣服	桔子	茄子	仙鹤	粽子

其中多种颜色混合则可以把两种物象组合在一起，比如紫黑色就是茄子和黑衣服。浅色可以和白色组合，深色可以和黑色组合。比如：

石蕊溶液：紫色

拆分：石蕊转化为石头+花蕊；紫色转化为茄子。

故事：茄子长在石头和花蕊间。

方法总结：

第一，将颜色具体化，编码成具体的物体；

第二，将物质名称拆分成容易联想的物体；

第三，对颜色编码和拆分的物体进行联想，形成故事或者图像等容易记忆的内容。

练习材料

下面是常见的化学物质颜色，大家可以自己尝试练习。

状态	物质	颜色	拆分	故事
固体	铜，氧化铁	红色		
	碱式碳酸铜	绿色		
	氢氧化铜，硫酸铜晶体	蓝色		
	高锰酸钾	紫黑色		
	硫磺	淡黄色		
	冰，干冰，金刚石	无色		
	银，铁，镁，铝	银白色		
	铁粉，木炭，氧化铜，二氧化锰，四氧化三铁	黑色		
	氢氧化铁	红褐色		
	氯化钠，碳酸钠，氢氧化钠，氢氧化钙，碳酸钙，氧化钙，硫酸铜，五氧化二磷，氧化镁	白色		

（续表）

状态	物质	颜色	拆分	故事
液体	水，双氧水	无色		
	硫酸铜溶液，氯化铜溶液，硝酸铜溶液	蓝色		
	硫酸亚铁溶液，氯化亚铁溶液，硝酸亚铁溶液	浅绿色		
	硫酸铁溶液，氯化铁溶液，硝酸铁溶液	黄色		
	高锰酸钾溶液	紫红色		
气体	二氧化氮	棕红色		
	氯气	黄绿色		

四、金属活动性顺序表

在化学知识的学习中，有一个我们经常用到的知识点，就是要记住金属的活动性顺序。

金属的活动性越强，其与水溶液反应越容易。而金属活动性表就是根据金属的活动性强弱而制成的表格。如下：

下面是常见元素活动顺序情况，活动性从高到低分别为：

金属活动性													
强 ◄———————————————————————————————► 弱													
钾	钙	钠	镁	铝	锌	铁	锡	铅	（氢）	铜	汞	银	铂	金
K	Ca	Na	Mg	Al	Zn	Fe	Sn	Pb	（H）	Cu	Hg	Ag	Pt	Au

我们要想快速而且牢固地记住这个顺序，有一个非常好用的方法：谐音+故事联想法。就是将这些元素先进行谐音转化，然后编成一个容易记忆的故事，例如：嫁给那美女，新帖喜千金，童工赢白金。

五、元素周期表前20位顺序

在学习化学知识的过程中，我们会经常用到元素周期表前20位元素的顺序。

元素周期表是根据原子量从小到大的顺序排列的。前20位如下：

元素	氢	氦	锂	铍	硼	碳	氮	氧	氟	氖
符号	H	He	Li	Be	B	C	N	O	F	Ne
拼音										
元素	钠	镁	铝	硅	磷	硫	氯	氩	钾	钙
符号	Na	Mg	Al	Si	P	S	Cl	Ar	K	Ca
拼音										

下面介绍2种常用的记忆方法来记住它们，大家可以选择自己喜欢的方法去记忆。

记忆方法1：故事法

前面我们学习过故事法，具体来说就是把每个元素抽象转化为形象，编成一个故事。

元素	氢	氦	锂	铍	硼	碳	氮	氧	氟	氖
转化	氢气球	害虫	鲤鱼	皮球	朋友	炭火	鸡蛋	小羊	富人	奶奶
元素	钠	镁	铝	硅	磷	硫	氯	氩	钾	钙
转化	那个	美女	铝锅	硅胶	鳞片	柳树	绿色	亚军	甲鱼	钙片

前10个故事：氢气球吊着一只害虫，害虫爬到了鲤鱼身上，鲤鱼拍着皮球，皮球砸中了他的朋友，朋友正抱着炭火，炭火烧破了鸡蛋，鸡蛋里钻出小羊，小羊撞倒了富人，富人扶着奶奶。

后10个故事：那个美女拿着铝锅，铝锅装着硅胶，硅胶上长着鳞片，鳞片飞到柳树上，柳树是绿色的，下面有个亚军喂给甲鱼吃钙片。

记忆方法2：谐音法

我们还可以将每一个元素转化成谐音，字面形成一个比较容易记忆的画面。

元素	氢	氦	锂	铍	硼	碳	氮	氧	氟	氖
转化	侵	害	里	皮	朋	叹	蛋	养	父	奶
元素	钠	镁	铝	硅	磷	硫	氯	氩	钾	钙
转化	那	美	女	归	您	柳	绿	压	家	盖

连起来：侵害里皮朋，叹蛋养父奶，那美女归您，柳绿压家盖。

以上所介绍的记忆方法就是咱们化学知识学习中经常用到的，大家平时也可多加训练。

第四节　生物知识记忆

在学习生物知识的过程中，我们经常会遇到一些需要记忆，但容易混淆的重点内容，接下来我们就举例说明。

一、必需氨基酸

甲硫氨酸	苏氨酸	缬（xié）氨酸	赖氨酸
亮氨酸	异亮氨酸	苯丙氨酸	色氨酸

忽略公共的部分"氨酸"，提取关键词并转化。如下：

关键词	甲硫	苏	缬	赖	亮	异亮	苯丙	色
转化	假装开溜	苏州	鞋子	赖皮	亮	一亮	本病	颜色

编故事：有一个假装开溜（甲硫）的苏（苏）州人，穿上鞋（缬）子耍赖（赖）皮，亮（亮）一亮（异亮）本来病例（苯丙）的颜色（色）。

二、无机盐在植物生活中的作用

在学习生物知识的过程中，无机盐这个知识点也很重要，植物需要最多的是含氮的、含磷的和含钾的无机盐。这3类无机盐在植物的生活中各有不同的作用。

那我们怎么利用联想去牢牢记住这些知识呢？这里给大家示范一下：

元素	编码	作用	联想1	缺乏时表现	联想2
氮（N）	门	促进细胞的分裂和生长，使树叶长得繁茂。	把细胞都关在门里面，细胞在门里面分裂生长，有的很繁茂，在门上都长出树叶了。	植株矮小瘦弱，叶片发黄，严重时叶脉呈淡棕色。	家里门都没有，很穷，营养不良，所以长得矮小瘦弱，面色发黄，还有严重的一些呈淡棕色。
磷（P）	皮鞋	促进幼苗的发育和花的开放，使果实、种子的成熟提早。	穿着皮鞋，经常给幼苗浇水施肥，所以促进了幼苗的发育，花开放得早，果实和种子都成熟得早。	植株特别矮小，叶片暗绿色，甚至呈紫色。	没有皮鞋穿，光着脚和别人比起来特别矮小，脚裸露在外面，一只脚暗绿色，一只脚紫色。

练习材料

元素	编码	作用	联想1	缺乏时表现	联想2
钾（K）	机关枪	使茎杆健壮，促进淀粉合成。		茎杆软弱，容易倒伏，叶片的边缘和尖端呈褐色，并逐渐焦枯。	

三、植物细胞与动物细胞的异同点

植物细胞与动物细胞的区别主要体现在细胞结构上：

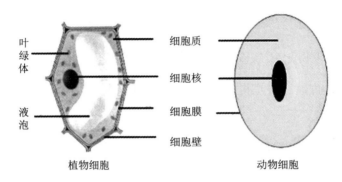

图5-1　动、植物细胞结构上的相同点和不同点

植物细胞和动物细胞的细胞特点的相同点：

1.都有细胞核、细胞质、细胞膜。

2.细胞质中都含有线粒体。

植物细胞和动物细胞的细胞特点的不同点：

1.动物细胞无细胞壁，细胞质中无液泡和叶绿体。

2.植物细胞有细胞壁，细胞质中有液泡，绿色部分含有叶绿体。

好的，知识点我们讲清楚了，那我们怎么用记忆方法去记忆呢？

动、植物细胞都有的是细胞核、细胞质、细胞膜。

提取关键词：核质膜，谐音：盒子膜。

联想：把动物和植物都关在一个有膜的盒子里。

植物细胞有细胞壁，细胞质中有液泡，绿色部分含有叶绿体。

提取关键词：植物、细胞壁、液泡、叶绿体 。

联想：植物长在墙壁上，夜里会冒泡，叶子是绿色的。

方法总结：

第一步，提取知识点的关键词；

第二步，通过联想，把关键词和知识连接起来。

以上的方法可以拓展到多学科。

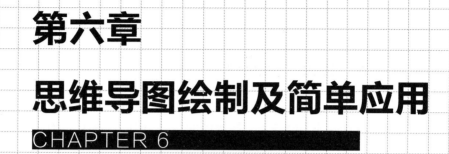

第六章

思维导图绘制及简单应用

CHAPTER 6

第一节　思维导图的绘制

从本章开始，我们将进入思维导图的学习当中，大家已经有了前面的基础，这章的内容会相对比较容易。

思维导图，是一种实用性的思维工具。运用图文并重的技巧，把各级主题的关系用相互隶属与相关的层级图表现出来，把主题关键词与图像、颜色等建立记忆链接，从而帮助思考和记忆。

市面上有非常多专门介绍思维导图的书籍以及相关的课程，不同的人对思维导图的理解和运用方式不同，讲解的思维导图在细节上也会有所不同，本章将从绘制以及基本运用这两个层面带大家入门思维导图。

思维导图可以拆分为4个字："思"是指思考，"维"是指从不同的维度和角度，"导"是指引导，"图"是指图片或者图形，连起来就是从不同的维度和角度，结合图片来引导和帮助我们思考的一种工具。

绘制思维导图有5个要素，分别是中心图、分支、关键词、关键图和颜色，我们依次来看。

中心图就是一张思维导图所要表达的中心点，一般来说是以图的形式出现，比如要绘制一张自我介绍的思维导图，中心图可以画一个简单的小人，代表自我介绍。

分支就是从中心图延伸出来的内容，分为一级分支、二级分支及后续的分支。一级分支的画法大家可以参考下方图片（图6-1），这3个类似"牛角"的线条就是一级分支。绘制的时候要稍微注意一下细节：牛角是平滑的曲线，并且是由宽到窄，遵循这样的"规则"整幅图看起来更美观。

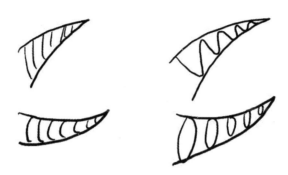

图6-1 一级分支

一级分支画完后，就是二级分支。二级分支画法比较简单，像下图（图6-2）这样画成平滑的曲线即可。

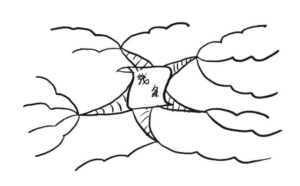

图6-2 二级分支

在绘制二级分支时需要注意以下细节：

1. 二级分支不宜竖着画，因为分支上要放文字内容，竖着画不符合书写习惯。

2. 二级分支都是从一级分支的牛角尖发散出来的，三级分支及后续的分支也都是从上一级的终点发散出来的。

3. 分支不能画得断断续续。

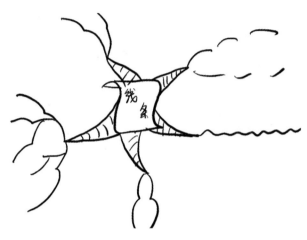

图6-3　错误线条示范

分支画好后，就可以在分支上填**关键词**了。在之前的学习中，我们已经知道，记下一段文字，可以通过提取关键词的方式来减轻记忆负担，在思维导图中也同样适用。当我们在各个分支上填写相应的关键词后，就可以配上关键图了。**关键图**就是为一些你觉得比较重要的关键词配上的图，它可以突出重点，加深对关键词的印象。最后，当我们画完每个分支的内容后，还可以为每条分支涂上**颜色**，使整幅思维导图看起来更加条理清晰。

在了解了思维导图的5大要素后，我们还需要知道思维导图的2个重要思维：发散和归纳。**发散**，顾名思义，就是发散性思维，根据一个点，尽可能地去想出所有由这个点能想到的内容。**归纳**，就是把发散出来的想法再做一次归类，整理出一副思维导图。接下来我们以简单的自我介绍为主题，按照刚才的5大要素及步骤，绘制一副思维导图。

准备好纸和笔，我们首先围绕着"自我介绍"这个主题，进行一个思维的**发散**，尽可能地罗列出跟这个主题有关的内容。例如：姓名、来自哪里、喜欢什么、擅长什么、去过哪里，以及个人的一些价值等。在纸上罗列出来后，我们再进行一次**归纳**。例如：喜欢篮球、美食和游泳，这些都属于爱好；叫什么名字和来自哪里，都属于个人基本信息；我能够教唱歌和教会跳舞都属于个人的价值。最终确定了这张思维导图分为3大板块：个人基本信息、爱好特长，以及个人价值。

紧接着进入思维导图的绘制。先在纸张的正中央画一个简单的小人，代表主题是自我介绍，紧接着来画第一个大的分支——基本信息。基本信息我们用到了3条，那么二级分支就画出3条即可，画好线条后在上面填上相应的关键词，并且为相对重要的关键词配上关键图。画好第一个大的分支后，我们依次把爱好和特长以及个人价值的分支画出来，如图6-4所

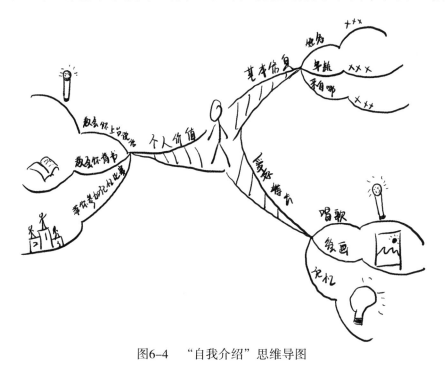

图6-4　"自我介绍"思维导图

示。画好后为了让整张图看起来更加清晰，还可以为每一条分支涂上颜色，这里稍作注意，处在同一个分支的线条颜色要统一，关键图的颜色可以不用一致。

至此，我们就得到了一幅完整的"自我介绍"的思维导图，大家在绘制的过程中可以根据自己的想法对内容做一些调整，只要遵循基本的绘制规则即可。

第二节　思维导图的运用

大家已经知道了绘制思维导图的5大要素（中心图、线条、关键词、关键图和颜色），以及绘制思维导图需要用到的2种思维：发散思维和归纳思维，接下来我们来看一下如何把思维导图运用到自己的学习和生活当中。

思维导图是一个很好的整理知识框架的工具，我们在读完一篇文章后，可以运用思维导图梳理文章的框架，帮助自己记忆。下面来看一个例子：

昆虫的头部

昆虫的头部有着各种感觉器官，包括触角、眼睛以及口器。触角除了有触觉外，有时还会传递气味信息。昆虫的眼睛分为单眼和复眼，有些昆虫只有其中一种，有些则两种都有。单眼是感光的，复眼是看物体的眼睛。昆虫的眼大多是复眼。复眼由上千只单眼组成。每只小眼会独立成像，总体合成一幅网格样的全像。在头部还有口器。它们的上颚是有力的嚼咬工具，下颚主要是稳住和进一步细嚼食物。

我们用思维导图来梳理出这篇文章的结构后，得到下图（图6-5）：

图6-5 《昆虫的头部》思维导图

大家首先看中心图，代表的是文章的主题——昆虫的头部，分为3大板块，分别是触角、眼睛和口器。其中触角作用是触觉和传递气味信息，眼睛由单眼和复眼组成，每个部分又对应相应的功能。最后是口器，由上颚和下颚组成，各有相应的功能。这样梳理一遍后，文章的脉络一目了然，在复习的时候也更加轻松。

除了可以帮助学习外，思维导图也可以运用在工作当中。笔者在写书的过程中，经常会运用思维导图帮助自己梳理思路。比如写到如何记古诗，我会先做一个"头脑风暴"，尽可能地由"记忆古诗"这个点去发散，把所有的想法写在一张纸上：先记忆还是先理解、如何联想、用什么方法、定位法的要点有哪些、定位法的地点如何寻找、为什么要背诵古诗以及如何合理安排复习，等等。紧接着把这些零碎的想法做一个归类并形成思维导图：第一部分讲为什么要背诵，先记忆还是先理解，运用什么方法以及具体的细节；第二部分讲定位法延伸的内容；第三部分讲复习需要注意的细节。总结出来后根据这个导图的框架去写，思路会更清晰。各位读者可以结合自己的学习生活和工作经验进行拓展。

第七章

万能记忆公式
CHAPTER 7

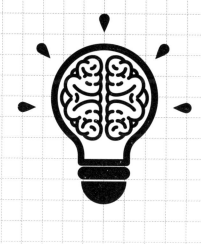

第一节　万能记忆公式的由来

在之前的章节当中，我们学习了思维导图工具，利用这个工具，结合绘图法，可以得到一个通用的"记忆公式"（图7-1）。

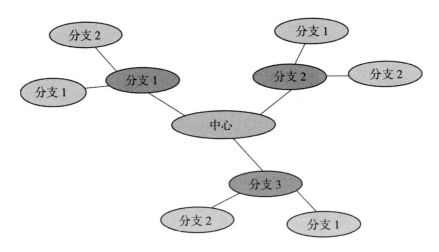

图7-1　万能记忆公式

思维导图是这个方法的"根"，绘图法是这个方法的"叶"。在这个图的中心有一个中心层，往外依次是第二层和第三层等。其实无论哪个领域的知识点都遵循这样一个结构。

遵循这样一个结构，我们来看一下使用这个"通用公式"的步骤：

1.通读知识点，理解大意，厘清层次结构。

2.提取每一层的关键词。

3.把每一层的关键词依次画出来。

4.复习画面及对应的知识点。

我们以"中学为体，西学为用"和"生产与消费的辩证关系"为例，练习一下这个方法

中学为体，西学为用

简单了解一下这个知识点："中学为体，西学为用"是近代清政府一些官员为了救国图存而提出的思想。意思是以中国的传统儒家思想作为主体，以西方近代的学说作为辅助。这个思想提出的背景、人物、主张、目的和影响都是需要背诵的。按照之前的习惯，我们是从头背到尾的"一条线"。现在，运用这个万能公式，我们先厘清这个知识点的层次结构，并且为了尽可能地减轻记忆的负担，我们提取每一层的关键词，然后绘制思维导图。

框架	内容	关键词
主题	中学为体，西学为用。	中学、西学
背景	第二次鸦片战争结束后，清政府出现了内忧外患的形势。	二次、鸦片、清政府、内、外
代表人物	曾国藩、李鸿章、左宗棠等。	曾、李、左
主张	他们提出"中学为体，西学为用""师夷长技以自强"的思想。	①中学、西学 ②师夷长技
目的	挽救江河日下的封建统治。	挽救、封建统治
影响	①洋务派将魏源提出的"师夷长技"的思想付诸实践，创办了一批近代企业。 ②迈出了中国近代化历程的第一步。	①魏源、师夷长技、近代企业 ②迈出、近代化、第一步

最终得到的图如图7-2所示。

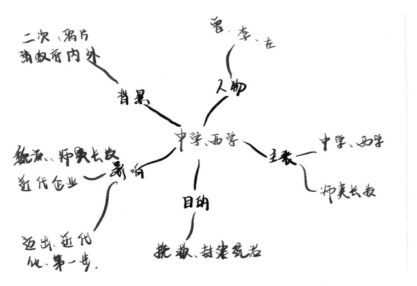

图7-2 "中学为体，西学为用"思维导图

这张图可以帮助我们更清晰地看出知识点的结构，但是本质还属于抽象的文字信息，接下来，运用绘图法把这个知识点画出来（图7-3）。

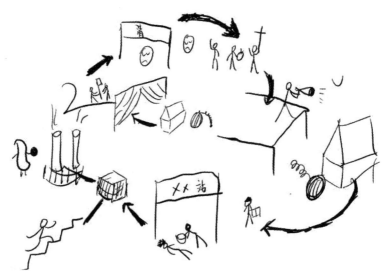

图7-3 "中学为体，西学为用"示意图

最中央画中学和西学，这里联想的是中学的小房子放着一个西瓜。小房子后有一块很大的幕布，想到背景，我们掀开幕布，看到一个大大的2，上面有两个小人抢鸦片（两次鸦片战争）。两个小人打到了清政府大门下，大门的内外各有一张愁苦的脸（内忧外患）。清政府里有3个官员，分别是举起左手的左宗棠，吃着李子的李鸿章和抱着加号（增加）的曾国藩。他们跑去了一个地方做宣传，主张"中学为体，西学为用"，中学的房子里走出来一位老师（师夷长技），他跑到了一个火车站（目的地），目的是拿着碗拯救封建统治者（戴着皇冠）。最后买了个大音响（影响），音箱对应了两条，分别是一个胃拿着圆盘（魏源），下面还有个小人在迈着步子爬楼梯（迈出近代化第一步）。

现在请大家闭上眼睛，尝试着回忆画面及对应的关键词，如果你完成了这一步，可以再结合原文，查漏补缺。

生产与消费的辩证关系

我们同样需要定出框架和关键词，再通过万能公式画出思维导图（图7-4）。

框架	内容	关键词
主题	生产与消费的辩证关系	生产、消费
生产决定消费	1. 生产决定消费的对象。 2. 生产决定消费的方式。 3. 生产决定消费的质量和水平。 4. 生产为消费创造动力。	决定： 对象、方式、质量水平、创造动力
消费反作用于生产	1. 消费是生产的目的。 2. 消费调节生产。 3. 消费是生产的动力。 4. 消费为生产创造新的劳动力。	反作用： 目的、调节、动力、新的劳动力

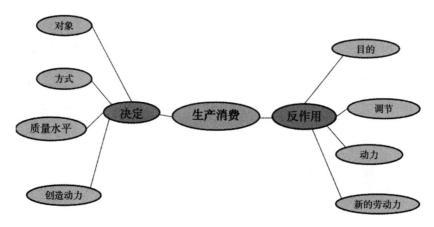

图7-4　"生产与消费的辩证关系"思维导图

把关键词画出来后，得到图7-5：

图7-5　"生产与消费的辩证关系"示意图

最中间是一个铲子和钱，代表生产和消费。左边直的箭头代表决定，右边的弯箭头代表反作用。左边最上面是一对象棋（对象），象棋粘着一张纸，纸上写着方程式（方式），纸连着一条线，挂着一个质量很大的秤砣（质量水平），秤砣压在一个发动机上（发动机可以创造动力）。再看一下反作用,一个火车站是目的地(目的),火车站边上有个水龙头,可以调节水量(调节),水龙头喷出的水为一个螺旋桨提供动力(动力),螺旋桨连着传送带,上面生产出很多的星星(新的劳动力)。

现在请闭上眼,回顾一下整幅画以及对应的文字内容吧。

如果能够回忆起这张图,基本就可以背出原文的内容,这个方法相当于给所有类似的知识点上了一层保险。

第二节　万能记忆公式实战及拓展

万能记忆公式能够运用的领域非常多,下面是练习材料,大家可以按照这个方法,自己创作简图,尝试把这些知识点记下来。

一、官渡之战

背景:东汉末年军阀割据混战。

交战双方:袁绍和曹操。

图7-6　"官渡之战"示意图

概况：曹操用火计烧袁军草粮，以少胜多。

结果和影响：曹操一统北方。

这个知识点比较简单，大家可以自己先尝试画出来，再参考本书给到的图。

图7-6中间有一条河，河两边有人在打仗，代表官渡之战。左边有2个小人拉开帷幕，想到"背景"，打开帷幕后看到一群人在混战，所以官渡之战的背景是军阀割据混战，交战双方是曹操和袁绍，曹操点了把火（火烧军粮），扛起胜利的大旗，一统北方。

二、江南地区的开发

原因和条件：

1. 江南地区雨量充沛，气候较热，土地肥沃，具有发展农业的优越条件。

2. 从东汉末开始，许多人为了躲避战乱，逃往江南地区。西晋以来的中国古代第一次大规模的人口迁徙，给江南地区带去了大量的劳动力，也带去了先进的生产技术和不同的生活方式。

3. 江南地区战争相对较少，社会秩序比教安定。

4. 南北方人民的辛勤劳动，为江南地区的开发做出了巨大贡献。

表现：江南经济迅速发展起来，修建了许多水利工程，稻田开始使用绿肥，牛耕和粪肥也得到推广，小麦种植推广到江南。

意义：江南地区的开发对我国经济发展产生了重大影响，为经济重心的南移奠定了基础。

通读知识点后我们可以梳理出这个知识点的思维导图（图7-7）：

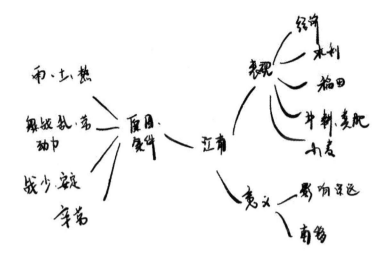

图7-7 "江南地区的开发"思维导图

再把每一层画出来得到下图（图7-8）。

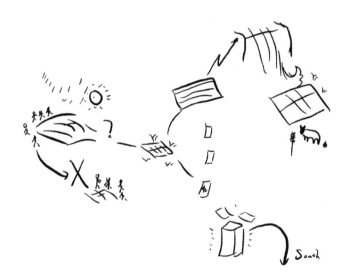

图7-8 "江南地区的开发"示意图

图片中心画了一亩水田，代表江南的开发。左边打了个问号，代表原因。原因的第一大点是江南地区雨量充沛、气候较热和土地肥沃，具有发展农业的优越条件，分别提取关键词：雨、热和土地。下雨后太阳出来，照射在大地上，大地的旁边有一群小人在躲避战乱，他们逃到了一个地方。这个地方画了一个巨大的叉号代表没有战争。随后他们都在这里辛勤耕种，做出巨大贡献。

第二大点是表现。我们在右上方画了个表格代表表现。表里窜出一个上升的箭头，对应经济发展。箭头打在一个正在建设中的水利工程。水流到了稻田中，稻田旁边有绿草，表示稻田开始使用绿肥。稻田旁边有耕牛和粪肥，还有一颗小麦，分别对应原文中的3个关键词。

第三大点是江南开发的意义。我们画很多的钱洒下来代表"亿"，这是"意义"的"意"的谐音。意义的第一点是对经济的发展产生了重大影响，关键词"重大影响"，画一个又重又大的音箱，谐音"影响"。这个音箱打了个向下方（上北下南）的箭头，代表经济南移。

三、经济全球化的影响

有利的影响：

1. 给世界的和平与发展带来了有利条件。

2. 使世界各国的联系更为密切。

3. 有助于世界各国经济、科技、文化的交往。

4. 有助于新的科学技术交流与运用。

5. 有助于发展中国家抓住机遇发展自己。

不利的影响：

1. 国家间既有合作，又有矛盾和斗争。

2. 发达国家凭借其手握的资金、技术、专利和管理等优势处于有利态势，发展中国家主权容易受到冲击和削弱，富国与贫国的差距可能进一步拉大。

经济全球化是一把"双刃剑":

这个方法的核心有两条,第一是梳理框架,第二是画出关键词。梳理框架比较容易,难点在于第二步,大家可以参考绘图法的要领和细节。前期画得会比较慢,因为不会联想或者联想速度较慢。画图的过程中也要兼顾故事性,方便我们的记忆。

类似这样的知识点看起来非常复杂,但是答题时其实只需要把关键点写出来,其他的表述可以自行加以润色,我们还是先提取关键词,并画出思维导图(图7-9):

图7-9 "经济全球化的影响"思维导图

把知识点用简图(图7-10)画出来:

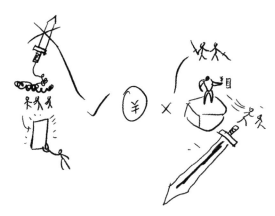

图7-10 "经济全球化的影响"示意图

中间画了一个金钱的符号代表经济，外面套了个球联想到经济全球化，经济全球化的影响有两个方面：有利和不利，分别对应一个勾号和一个叉号。先看勾号这边：一把剑打个叉表示和平，经济全球化能带来和平；剑的把手上拴着一根绳子，代表联系，经济全球化可以加强各国联系。绳子下面有3个小人在交流，联想到促进经济、科技和文化交流。3个小人讨论最终研发出了一块金光闪闪的新产品，联想到促进科技交流。这件闪闪发光的新产品被一个人牢牢抓在手里，对应关键词：抓住，原文是"有助于发展中国家抓住机遇发展自己"。

接下来我们看右边，两个小人拿着武器，他们之间产生了矛盾。小人的下面摆了个舞台，舞台上站着一个肌肉发达的人，联想到发达国家。他站在舞台上居高临下看着下面的"发展中国家"的人，原文是"发达国家凭借其手握的资金、技术、专利和管理等优势处于有利态势，发展中国家主权容易受到冲击和削弱"，最后总结出经济全球化是一把双刃剑，所以我们在舞台下发现了一把巨大的"双刃剑"。

四、科举制度的影响

科举制度是中国封建社会的选士制度，在历史上存在了 1300 年，对我国后世产生了深远的影响，其存在有一定的合理性。

积极作用：

1.有利于加强中央集权。

（1）中央政府掌握选士大权，有利于加强中央集权。

（2）官吏经考试选拔，提高了官吏的文化修养，有利于国家长治久安。

（3）士子通过科举获得参政机会，扩大了统治基础。

（4）科举制度统一思想，笼络人心，缓和阶级矛盾，维护了国家的稳定与发展。

2. 使选士与育士紧密结合。

（1）促使社会形成良好的学习风气。

（2）促进人们的思想统一于儒学，结束思想混乱的局面。

（3）刺激学校教育的发展，有利于教育的普及。

（4）种类繁多的考试科目扭转了人们重文轻武、重经学轻科学的思想。

3. 使人才选拔较为公正客观。

（1）重视人的知识和才能，而非门第。

（2）考核策问与诗赋有利于检验人的能力。

（3）我国是世界上最早实行文官考试制的国家。

消极作用： 从整个发展历程来看，科举制度从隋唐到宋朝，积极作用大于消极作用；到了明清时期，消极作用日趋明显，最终被社会所淘汰。

1. 国家只重科举取士，而忽略了学校教育。学校成为科举考试的预备机构，失去了相对独立的地位和作用，成为科举制度的附庸。

2. 科举制度具有很大的欺骗性。

（1）评分时主观随意因素会影响评分的客观性。

（2）考官受贿和考试作弊现象严重。

（3）诱骗知识分子为功名利禄而学习，大部分考生将终生时间浪费在科场上。

3. 科举制度束缚思想，败坏学风。

（1）导致学校形成教条主义、形式主义的学习风气。

（2）影响中国知识分子的性格，使他们重权威轻创新、重经书轻科学、重书本轻实践、重记忆轻思考，形成了独立性弱、依赖性强的性格特征。

（3）形成了功利色彩浓重的畸形读书观、学习观，如"万般皆下品，唯有读书高""书中自有黄金屋，书中自有颜如玉"等，这些思想长期束缚人心。

在历史或者一些教育学相关专业的考试中，经常会出现很长篇幅的知识点。这种知识点是需要理解的，如果没有理解的基础，在考试中就难以灵活运用。此外，这种文字类型的考点一般不要求逐字逐句背，答题时也不需要写得跟书本中内容完全一样，阅卷官看的是关键点有没有答上，所以我们先"化繁为简"，把框架和关键词梳理出来，得到图7-11：

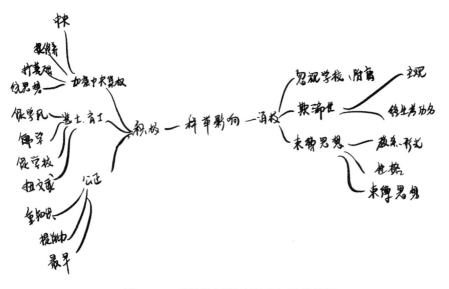

图7-11　"科举制度的影响"思维导图

接着开动联想能力，把这个框架和相应的关键词画出来。大家请注意，对于这种特别长的知识点，画图的时候要力求精简，我们画出的图如下所示（图7-12）：

图7-12　　"科举制度的影响"示意图

中间画个小人举音箱，联想到科举影响。一个勾号、一个叉号分别代表着积极和消极的影响，先看积极的三大点提取的关键词：加强中央集权，选士、育士和公正；画了一个人的手握着拳头，联想到"集权"，拳头抓着两个古代的"士"，想到"选士、育士"，他俩落在一个天平上，天平代表着"公正"。

接下来展开第三层的小点。胳膊的中央打出一个箭头，联想到关键词"中央"。箭头上两个小人提着吃的去休养生息——"提修养"。他们看到前方有个人在扩大家里的地基，原文关键词是"扩基础"，完工后横了一根大的木棍，对应关键词"统思想"。拳头抓着的两个"士"落到了一个巨大的扇子上，扇子可以扇风，想到"促学风"。扇子正对着一本《论语》扇风，这本书刚好是"儒学"经典。《论语》盖在一个学校的房顶上，想到关键词"促学校"。学校里有两个孩子不听话，扭打在一起，他俩一文一武，原文关键词就是"扭文武"。天平的一边拴着一个很重的大包，里面都是书本，对应的关键词是"重知识"，看书可以"提能力"，早上要早起，联想到"最早"。

现在看向另一边，消极的影响有三大点，分别是忽视学校、欺骗性和束缚思想。在一个代表学校的房子上画一个大大的叉号，代表忽视学校。学校门口有7片青砖（欺骗）。青砖路的尽头有个人被五花大绑（束缚）。

接着看第三层的小点，走在青砖路上望去，有个学校的主任关上大门（主观）。门里有个人在拼命读书，考取功名（考功名）。再看那个被束缚的人，束缚他的那根绳子出来了一条，想到"教条"。有只信鸽（性格）误以为是吃的，就去啄教条，最后把自己脑袋上也缠上了绳子（束缚思想）。

现在请闭上双眼，我们一起回想一下图片的内容。如果某一段想不起来，可能是因为笔者的想法不一定适用于所有人。大家可以结合自己的想法，重新绘制一副。

初学者在运用这个方法时会出现以下的问题：第一个就是自己不会画。原因在之前也讲过，那就是练习量的不足。第二个常见的问题就是自己画出来的图不好记。大家可以回顾下笔者给的案例图，它们有个共同点，那就是每张画里的各个元素之间都是有一定的联系的，这样我们才可以通过一个点推导出接下来的内容。在绘制的过程中加强画面的故事性可以方便我们的记忆。限于篇幅，本书无法为读者列举这个方法适用的所有场景，大家可以结合自己的学习和工作内容，加以实践和拓展。

第八章

如何成为记忆大师
CHAPTER 8

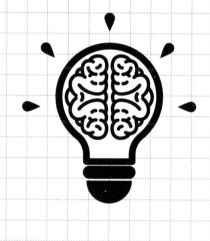

如果读者希望自己在学习完基础的记忆方法后更上一层楼，甚至成为记忆大师，那就需要参加一个赛事——世界记忆锦标赛。有关这个赛事的具体细节，笔者用一张思维导图为大家整理出来，具体如下：

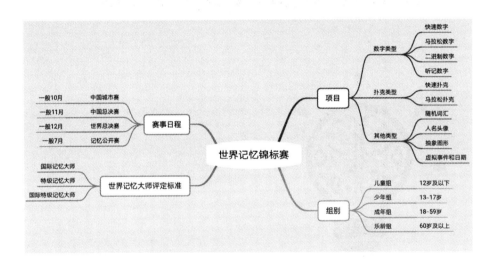

第一节 记忆大师的标准

要成为世界记忆大师是有一定的标准的，且标准一直在随着世界记录的提高而不断提升。下图总结了从2003年以来主要判定标准的变化情况：

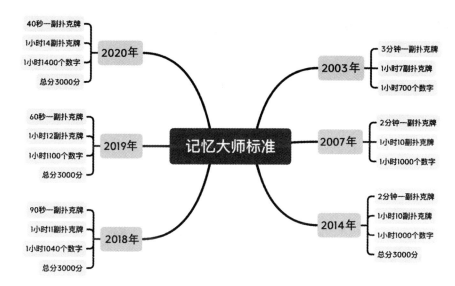

2021年最新的记忆大师标准：

国际记忆大师

International Master of Memory（IMM）

1. 完成WMSC认可的算入IMM成绩的世界记忆锦标赛中全部10个项目的比赛。

2. 在当年算入IMM成绩的每次比赛中总分至少达到3000分。

3. 1小时内正确记忆14副牌（728张牌）。

4. 1小时内正确记忆1400个随机数字。

5. 40秒内正确记忆一副扑克牌。

以上第3~5条可以在多次比赛中达到。（不必在单个比赛中同时达到这3个要求。）在旧IMM标准中达到的成绩不会计入新IMM标准的考核中。

第5个要求可以在任何WMSC认可的不同锦标赛中达到。由于长达1小时的项目仅适用于世界记忆锦标赛全球总决赛，因此第3和第4要求必须在全球总决赛中达到。

特级记忆大师

Grandmaster of Memory（GMM）

1.先要达到IMM要求。

2.在当年的世界赛中获得5500~6499分的前5名。

注：每年只评出5个新的GMM名额。

国际特级记忆大师

International Grandmaster of Memory（IGM）

在世界赛中获得最少6500分。

注：每年不限名额数量。

第二节　世界脑力锦标赛项目规则介绍

一、数字记忆

数字记忆在世界脑力锦标赛上有两个项目：5分钟快速数字记忆和1小时马拉松数字记忆。

两者规则是一样的，只是记忆和回忆时间有区别。前者回忆答题时间为15分钟，后者回忆答题时间为2小时，有破记录水平需延长回忆答题时间的须向裁判组提前申请。

目标：尽量记忆更多的随机数字，并正确地回忆起来。

记忆部分

计算机随机产生的阿拉伯数字，以每页25行、每行40位的形式排列。

回忆部分

1. 选手应使用组委会统一提供的、完整清晰的答卷作答，以方便计分。

2. 选手必须将记忆的数字以每行40个的形式写出来。

计分方法

1. 完全写满并正确的一行得40分。

2. 完全写满但有一个错处（或漏空）的一行得20分。

3. 完全写满但出现两个或以上错处（或漏空）的一行得0分。

4. 空白行数不扣分。

5. 最后一行：如最后一行没有完成（例如只写上29个数字），且所有数字皆为正确，其所得分数为该行作答数字的数目（即该例为29分）。

6. 如最后一行没有完成，但有一个错处（或中间漏空），其所得分数为该行作答数字数目的一半。如作答了29个数字但有一个错处，分数将除以2，即29/2 = 14.5，四舍五入，分数调高至15分。

7. 最后一行有两个或以上的错处（或漏空），则将以0分计。

8. 如出现相同的分数，从选手答卷中已作答却没有得分的行数中，计算其正确作答的数字，每个数字为1分，分数高者胜。

数字记忆问卷

0 9 9 3 0 6 7 3 4 2 9 1 1 3 9 3 4 3 5 2 3 8 1 6 0 0 7 2 7 8 8 0 2 7 8 5 3 0 0 7 Row 1

9 8 1 0 5 4 4 1 4 9 9 6 9 8 6 4 0 4 9 3 5 0 1 7 0 4 0 6 1 6 0 5 9 6 0 6 0 3 0 3 Row 2

2 0 8 0 3 9 6 2 1 9 8 7 4 6 1 0 9 5 8 5 1 2 6 5 0 7 5 4 2 9 6 5 3 1 4 9 5 9 8 7 Row 3

2 4 7 7 2 3 2 5 5 0 9 8 7 5 5 4 1 3 0 9 6 9 8 7 1 8 1 4 5 6 4 9 7 6 8 3 4 9 3 5 Row 4

8 4 8 7 5 9 7 4 7 5 8 7 7 2 3 6 0 7 5 2 4 1 6 9 9 3 1 1 6 8 7 8 2 4 2 0 6 4 8 1 Row 5

1 0 0 6 4 9 4 2 2 9 2 0 0 3 5 6 0 4 6 3 6 9 4 2 8 1 4 6 8 6 9 4 4 2 6 5 7 8 1 2 Row 6

0 3 8 9 4 3 9 7 8 1 3 5 0 1 7 1 6 8 4 5 0 8 7 4 8 4 3 4 2 5 2 9 1 9 2 2 9 5 3 1 Row 7

6 0 1 8 8 4 3 6 9 8 3 7 0 4 1 3 5 8 1 5 7 1 1 8 9 4 3 9 1 6 2 1 8 5 5 4 6 9 1 5 Row 8

1 1 0 4 4 9 8 3 5 2 4 5 5 7 0 9 7 8 3 4 8 8 6 9 7 5 9 0 6 8 3 6 2 6 6 0 0 4 3 5 Row 9

2 1 6 5 0 6 3 2 6 0 1 9 3 3 2 5 3 1 1 0 3 6 0 6 4 5 3 3 2 2 9 7 1 8 4 2 1 3 1 1 Row 10

1 9 5 3 8 7 7 4 2 3 1 0 7 0 4 0 8 1 7 8 2 6 1 4 2 0 0 4 0 2 8 1 7 6 8 3 1 6 6 1 Row 11

5 1 8 6 0 9 3 3 4 4 0 5 9 9 4 4 6 5 8 0 7 3 8 5 9 3 8 6 8 6 4 5 8 5 9 0 8 2 9 4 Row 12

8 5 6 6 8 1 4 2 1 0 7 6 6 9 8 0 8 4 4 3 2 7 4 9 4 0 3 5 5 3 6 3 2 5 8 2 9 8 5 5 Row 13

1 2 1 5 9 2 1 4 4 1 0 7 6 7 4 5 0 6 1 7 6 8 4 8 1 8 8 8 3 2 4 6 4 6 4 7 1 4 6 Row 14

2 7 6 6 6 3 0 0 9 5 9 4 5 3 1 2 3 1 3 0 9 5 1 3 0 9 6 0 9 8 6 2 1 8 2 7 1 5 5 4 Row 15

2 7 8 9 0 7 2 3 9 3 7 0 1 4 8 7 2 3 3 9 9 9 3 5 4 5 1 4 1 4 3 7 7 0 4 2 1 1 2 6 Row 16

4 3 8 5 2 6 5 6 7 6 8 8 3 7 1 6 4 5 8 2 4 8 0 7 1 9 5 4 1 8 4 1 1 8 9 3 4 0 9 4 Row 17

4 5 6 8 8 1 0 4 6 7 1 9 3 3 2 2 6 3 9 9 5 3 3 5 2 2 8 6 0 5 2 8 4 4 2 4 1 7 4 5 Row 18

6 6 2 2 6 5 6 1 0 8 1 1 5 9 1 9 0 5 9 7 0 0 7 0 9 1 8 5 4 0 7 1 2 5 4 7 5 3 9 9 Row 19

0 2 7 8 8 6 4 2 8 3 5 6 8 2 5 6 5 0 3 0 5 7 7 6 4 9 3 6 5 1 3 2 3 3 5 5 1 5 6 4 Row 20

9 4 3 2 4 1 4 7 0 2 6 3 8 8 8 2 9 1 5 2 9 7 0 1 8 5 3 6 2 5 5 2 3 4 3 3 2 5 2 9 Row 21

4 0 1 6 4 6 5 0 8 8 2 8 6 2 3 9 4 9 9 2 4 5 6 3 5 9 9 6 6 5 5 9 3 3 9 4 8 5 9 5 Row 22

2 3 5 3 8 9 4 4 6 8 0 4 0 2 1 0 6 5 4 0 5 7 9 8 9 9 9 7 4 2 0 9 3 5 6 6 8 0 0 7 Row 23

6 4 3 4 8 7 3 9 1 8 1 8 4 9 4 7 8 5 3 3 9 1 4 6 2 3 3 7 9 9 8 7 2 5 0 3 8 7 4 3 Row 24

4 8 5 7 9 8 8 8 9 7 0 5 6 6 9 9 8 5 3 9 2 8 1 0 7 3 2 1 5 2 0 6 7 2 6 4 6 1 7 1 Row 25

	Row1
	Row2
	Row3
	Row4
	Row5
	Row6
	Row7
	Row8
	Row9
	Row10
	Row11
	Row12
	Row13
	Row14
	Row15
	Row16
	Row17
	Row18
	Row19
	Row20
	Row21
	Row22
	Row23
	Row24
	Row25

二、扑克牌记忆

扑克牌记忆在世界脑力锦标赛上有两个项目：5分钟快速扑克牌记忆和1小时马拉松扑克牌记忆。

两者规则是一样的，最主要区别是，前者只有5分钟摆牌时间，现场和裁判对牌；后者在答题卷上写答案，回忆答题时间为2小时。

目标：尽量记忆和回忆多副扑克牌的顺序。

记忆部分

1. 选手自带扑克牌，必须保证每副牌为52张，除去大小王，并且提前打乱顺序。

2. 扑克牌必须用盒子装好，贴上标签，并用橡皮圈绑好。每张标签上都应包括选手姓名和扑克牌记忆的序号，比如：某某某第1副，某某某第2副等。

3. 所有扑克牌用结实的袋子装好，在赛场报到处交给裁判保管。袋子上也要贴上标签，写上姓名、电话。

回忆部分

1. 答卷上每页可写两副扑克牌。

2. 参赛选手必须在答卷上清楚标示所写的牌是第几副。

3. 参赛选手必须在不同花色的表格中，按照之前记忆的顺序，清晰地写上每副牌的数字和字母。

4. 注意，有些选手习惯把A、J、Q、K写成1、11、12、13。对此情况，裁判可以算其正确，但还是建议统一按照国际习惯书写。

计分方法

1. 每副完整并正确回忆的扑克牌得52分。

2. 如有一个错处（或漏空）得26分。

3. 有两个或以上的错处得0分。

4. 两张次序调换的牌当作两个错处。

5. 即使没有回忆全部的扑克牌也不会倒扣分。

6. 如最后一副没有记完，例如，只记了前38张，且全部正确，则得38分。如最后一副没有记完，且有一个错处，其得分为正确扑克牌数目的一半。如出现小数点则四舍五入。例如，作答了29张扑克牌但有一个错处，分数将除以2，即29/2 = 14.5，然后调高至15分。最后一副扑克牌有两个或以上的错处得0分。

7. 如出现相同分数，将比较选手已经记忆并且写出来却没有得分的扑克牌。每记忆正确一张扑克牌得1分，分数较高者胜。

三、二进制数字记忆

目标：尽量记下更多的二进制数字位数（例如：01101）。

记忆部分

1. 计算机随机产生的二进制数字，每页25行，每行30位（即每页750个数字）。

2. 选手可以使用直尺、笔、透明薄膜等文具协助记忆。

回忆部分

1. 选手的答卷字迹必须清楚。修改时，不要直接将错写的0改为1，或者将错写的1改为0。应该先划掉错误的1或者0，然后在旁边空白处写上正确的0或1。

2. 选手答题时必须按照顺序。如果写错位了或者写漏了要插入，必须清楚地标记，同时在答卷空白处做文字说明。如果修改太多，建议直接举手要求裁判给一张新的答卷作答。

3. 选手可选择以空白格代替"0"，但每页的作答必须一致，即全是空白格或全是"0"，如果所有的空白格将当作"0"，结束行必须有该行完结的记号。

4. 在最后的一行中，选手必须做一个清楚的完结记号，如"stop""end""E""e"或在最后作答的一格后画上一条横线。如没有明确标示，裁判只会以该行最后的一个"1"作为该行的终结。

计分方法

1. 完全写满并正确的一行得30分。

2. 完全写满但有一个错处（或漏空）的一行得15分。

3. 完全写满但有两个及以上错处（或漏空）的一行得0分。

4. 空白行数不会倒扣分。

5. 对于最后一行：如最后一行没有完成（例如：只有写上20个数字），且所有数字皆为正确，其所得分数为该行作答数字的数目。

6. 如最后的一行没有完成，但有一个错处（或漏空），其所得分数为该行作答数字的数目的一半（如有小数点，采取四舍五入法）。

7. 如有相同的分数，将在选手已作答而没有得分的行中，以每个正确作答的数字为1分进行计分，分较高者获胜。

四、抽象图形记忆

目标：尽量多地记忆，并于回忆时将每行的正确次序标注出来。

记忆部分

1. 每张A4问卷纸中有50个黑白图形，共10行，每行5个。这些图形皆按一定的顺序排列。

2. 每行有5个图形，每行独立计算分数。

3. 图形的数量为现时世界纪录加上20%。

4. 选手可选择问卷任意一行开始记忆。

5. 重要提示：在该项目的记忆过程中，桌面上不能有任何书写工具（如圆珠笔或铅笔）、量度工具（如直尺）和额外的纸张。

回忆部分

1. 答卷的格式跟问卷格式大致一样，内容跟记忆卷的一样，只是每行的5个图形次序不一样。行与行之间的顺序是不变的。

2. 选手须在答卷上每个图形下用1、2、3、4、5写出原来问卷每行中的图形顺序。

计分方法

1. 每行正确作答的得5分。

2. 答卷中如有一行有遗漏或错误者，该行倒扣1分，即得分为 –1。

3. 答卷不作答或空白的行数不扣分。

4. 总分为负数者将以0分计。

抽象图像记忆卷及答卷

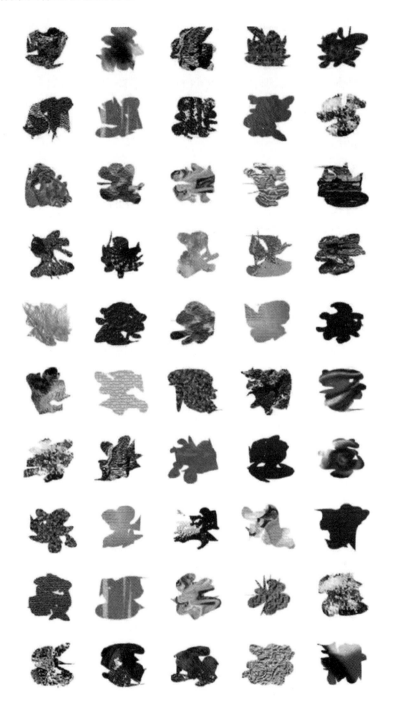

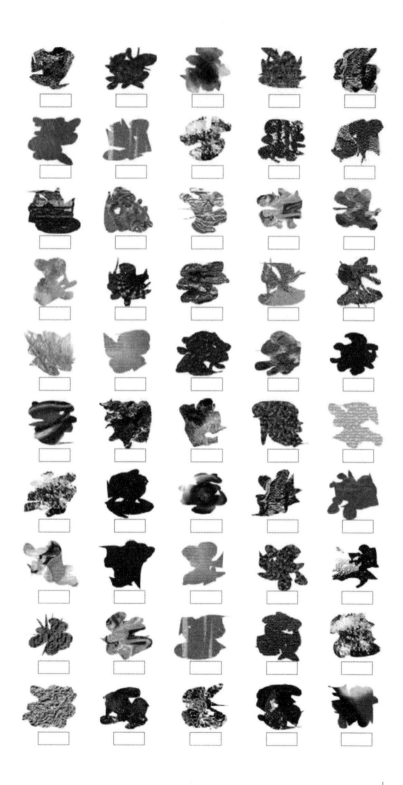

五、词汇记忆

目标：尽可能记忆更多的随机词语（例如：狗、花瓶、吉他等），并正确地回忆出来。

记忆部分

1. 每张问卷纸有5列，每列有20个广为人知的词语。当中大约有80%为形象名词，10%为抽象名词，10%为动词。

2. 词语从世界公认的字典中选出，基本都符合儿童、青少年和成人选手的认知水平。

3. 词语的数目为现时世界纪录加20%。

4. 选手必须由每列的第一个词语开始，依次记忆该列最多的词。

5. 选手可自由选择记忆哪些列。

回忆部分

1. 选手必须在提供的答卷上写上词语，务必保证字迹清晰可认，多用楷书，少用草书，以免增加裁判辨认和评分难度。

2. 如果中间有漏写的词语，可以把漏写的词语写在旁边的空白处，并用箭头清晰地指明插入位置。

3. 选择中文简体试卷的选手不能写拼音、英语单词或者繁体字作答。

计分方法

1. 如每列20个词语均正确作答，每个词语将得1分。

2. 如每列20个词语中有一处错误（或漏空），得10分（即20/2）。

3. 如每列20个词语中有两个及以上的错误（或漏空），得0分。

4. 如每列20个词语中有写了错别字，则错几个扣几分。例如，把"斑马"写成为"班马"，则扣1分，该列得分为19分。

5.空白未作答的列不会扣分。

6. 如最后一列没有写完，每个正确回忆的词语得1分。有一处错误（或漏空），则该列得分为正确回忆的词语数目的一半。有两处错误（或漏空），则该列得0分。

7. 如果一列中有一个记忆错误或一处错别字，那么该列的计分方式为：满分先除以2，然后再减去写错别字的词语的分数，即20除以2得10分，再减1，最后得9分；如果有两个词语写错别字就减2分，得8分。

8. 注意，记忆错误必须先于错别字错误扣分，否则9.5分会被调高至10分，即没有扣掉错别字该扣的分。

9.总分为所有列分数的总和。如总分有0.5分，则会四舍五入。

随机词汇问卷

1 地毯	21 报纸	41 斑马	61 开始	81 欢乐
2 公里	22 知道	42 手表	62 维生素	82 电梯
3 唇膏	23 鱼	43 飞机	63 果冻	83 鸽子
4 双生儿	24 毛衣	44 教练	64 面包店	84 设备
5 小狗	25 恐龙	45 文具	65 大自然	85 器官
6 胡须	26 伞	46 橘子	66 猫头鹰	86 估价
7 橙	27 梯子	47 工作	67 海鸥	87 花生
8 允许	28 退休	48 羊毛	68 姜	88 长袍
9 香水	29 手表	49 组织	69 走路	89 计算器
10 发刷	30 衣领	50 录像	70 打球	90 钢琴
11 河马	31 项链	51 苹果	71 舞蹈	91 台灯
12 拖鞋	32 吸收	52 雨	72 熊猫	92 拇指
13 跑步者	33 车库	53 空调	73 大号	93 游泳
14 坚果	34 誓约	54 婴儿	74 金鱼	94 体育馆
15 游艇	35 锅盔	55 骑师	75 地铁	95 网站
16 风格	36 拉链	56 气球	76 护士	96 空间
17 省略	37 头痛	57 雨伞	77 窗户	97 树
18 意思	38 彩虹	58 编辑	78 雪屋	98 音乐家
19 小猫	39 工作	59 资格	79 海象	99 文摘
20 羽毛	40 雨雪	60 面条	80 牙刷	100 花菜

随机词汇答卷

1	21	41	61	81
2	22	42	62	82
3	23	43	63	83
4	24	44	64	84
5	25	45	65	85
6	26	46	66	86
7	27	47	67	87
8	28	48	68	88
9	29	49	69	89
10	30	50	70	90
11	31	51	71	91
12	32	52	72	92
13	33	53	73	93
14	34	54	74	94
15	35	55	75	95
16	36	56	76	96
17	37	57	77	97
18	38	58	78	98
19	39	59	79	99
20	40	60	80	100

六、人名头像记忆

目标：在规定时间内记忆人名和头像，并于回忆时将人名与头像正确搭配，记得越多分数越高。

记忆部分

1. 每张不同人物的彩色照片（没有背景的头肩照）下有姓和名。

2. 人名为随机编排，以避免选手从头像的种族得到提示。

3. 人名中包含不同的种族、年龄和性别的头像。其中男女比例为50：50，成人和小孩的比例为 80：20，大约1/3的成人为15~30岁，1/3为31~60岁，1/3为61岁以上的长者。人名和头像来自广泛的族群／地区，并会平均分布。

4. 名字根据性别分配（例如，女性名字只会配女性头像）。

5. 在比赛中，每个名字或姓氏只会出现一次。

回忆部分

1. 答卷上彩色照片的规格与问卷一样，只是照片顺序会打乱，并且没有姓名。

2. 选手必须清晰地于照片下方写上正确的姓和名。如问卷中有多于一种文字（例如英文和简体中文），选手只能选择其中一种文字作答。

3. 最新的答卷中，在每张照片下面会有两条隔开的横线。选手要在第一条横线上写出姓，第二条横线上写出名，不可颠倒或者写在两条横线中间。

计分方法

1. 正确的名字得1分。

2. 正确的姓氏得1分。

3. 若只写上姓氏或名字也可得分。

4. 问卷上不会有重复的姓氏或名字，同样地，答卷上不应有重复的姓氏或名字。如有姓氏或名字在答卷上重复多于两次，例如，写了3个"马文"，则答卷的分数根据姓氏或名字每个扣0.5分。所以，请选手不要写同一个信息（姓或名）多于两次。

　　5. 错误填写的姓氏或名字得0分。

　　6. 姓氏和名字，其次序必须跟问卷的相同。如次序颠倒，便作0分计。

　　7. 没有姓氏或名字将不会倒扣分。

　　8. 总得分有小数点时，四舍五入。

七、虚拟历史事件记忆

　　目标：尽量多地记忆历史／未来事件的年份，并于回忆时将其写在相应事件的前面。

记忆部分

1. 问卷每页有40个年份。

2. 历史事件的年份为1000~2099年，且同一份试卷不会出现同样的4个数字。

3. 所有历史事件及对应年份皆为虚构。

4. 历史事件年份位于问卷左方，而每个事件将垂直排列。所有的事件会随机排列以避免按数字或字母次序排列。

回忆部分

1. 答卷每页会有40个历史事件。

2. 答卷历史事件的次序跟问卷中的有所不同。

3. 参赛选手必须将正确的年份写在事件前。

计分方法

1. 每写一个正确年份得1分，整个年份的4位数字必须正确写上。

2. 每个事件前只可写上一个4位数字的年份，每个错误的年份会倒扣

0. 5分。

3. 空白行数不会扣分。

4. 总分四舍五入，如45.5分会调高至46分。

5. 如总分为负数者将以0分计。

6. 如有相同的分数，则以较少错误的选手胜。

历史事件记忆试题

数字	日期（年）	事件
1	1832	能发现外星人的望远镜开工建设
2	1558	候车室乘客使用鸵鸟头套静休
3	1807	折叠屏幕手机一月份发布
4	1094	人吃磨菇能随意变身大小
5	1799	鹦鹉在联合国会议上做同声翻译
6	1079	巨型向日葵被送博物馆展览
7	1280	发明草地弹力拖鞋
8	1796	喷上可食用漆烤鸭变成土豪金色
9	2091	黑猩猩成职场人士的最佳贴心保姆
10	1206	会看书的鼻涕虫被发现
11	2085	滑轮成仓鼠最爱的玩具
12	1693	百万模特瞳孔天生异色
13	1911	脑力教练薪水为千万美元
14	1841	吊带裙在士兵中流行
15	1091	恐龙帮助山顶洞人种植庄稼
16	1733	筷子开发大脑潜能让人类智商总体水平大幅上升
17	1069	豌豆荚里住着一位微型公主
18	1341	熊猫成为禅文化形象大使

（续表）

数字	日期（年）	事件
19	1130	并购传闻终于成真
20	1312	厨师做出一道新汤品被赐金勺子
21	1127	0.2秒下载一部高清电影
22	1863	二郎神现身花园遛狗拍照
23	1612	首位波兹尼亚宇航员登陆海王星
24	1942	地主女儿豪车无数
25	1925	世界第一家保险公司在景德镇成立
26	1403	防水、防脏、御寒、抗压睡衣被发明
27	1038	残障人士拥有生活更便利的技能：吹气识物
28	1493	男人开始生孩子
29	1804	芍药花茶广受上层人士欢迎
30	1226	司机用铁头功砸开车门
31	1218	视网膜扫描记忆二维码列入军训第一堂课内容
32	1495	泼水节中意外发现神仙水可以长生不老

历史事件记忆答卷

数字	日期（年）	事件
1		滑轮成仓鼠最爱的玩具
2		百万模特瞳孔天生异色
3		脑力教练薪水为千万美元
4		地主女儿豪车无数
5		世界第一家保险公司在景德镇成立
6		防水、防脏、御寒、抗压睡衣被发明
7		吊带裙在士兵中流行

（续表）

数字	日期（年）	事件
8		恐龙帮助山顶洞人种植庄稼
9		筷子开发大脑潜能让人类智商总体水平大幅上升
10		豌豆荚里住着一位微型公主
11		能发现外星人的望远镜开工建设
12		候车室乘客使用鸵鸟头套静休
13		折叠屏幕手机一月份发布
14		发明草地弹力拖鞋
15		喷上可食用漆烤鸭变成土豪金色
16		黑猩猩成职场人士的最佳贴心保姆
17		会看书的鼻涕虫被发现
18		泼水节中意外发现神仙水可以长生不老
19		视网膜扫描记忆二维码列入军训第一堂课内容
20		司机用铁头功砸开车门
21		0.2秒下载一部高清电影
22		二郎神现身花园遛狗拍照
23		首位波兹尼亚宇航员登陆海王星
24		人吃磨菇能随意变身大小
25		鹦鹉在联合国会议上做同声翻译
26		巨型向日葵被送博物馆展览
27		残障人士拥有生活更便利的技能：吹气识物
28		男人开始生孩子
29		芍药花茶广受上层人士欢迎
30		厨师做出一道新汤品被赐金勺子

（续表）

数字	日期（年）	事件
31		并购传闻终于成真
32		熊猫成为禅文化形象大使

八、听记数字

目标：尽量多地回忆听记数字，越多越好。

记忆时间：第1次200秒；第2次300秒；第3次656秒。

回忆时间：第1次10分钟；第2次15分钟；第3次35分钟。

记忆部分

1. 放送录音，用英语清楚地读出单个数字，以每一秒读一个数字的速度放送。

2. 第1次200个数字。

3. 第2次300个数字。

4. 第3次656个数字。

5. 放送录音时，不能动笔记录。

6. 如果参赛者达到了记忆的极限，也必须在座位上安静地坐着，等待录音播完。

7. 由于某种外界干扰的原因，比赛要暂停，重新开始播放要从被打断的前5个数字开始，一直到把剩余数字播放完。

回忆部分

1. 参赛者可以使用提供的答题纸。

2. 如果参赛者想使用自己的答题纸，必须在比赛前得到裁判者的同意。参赛者必须按照连贯的顺序从开始依次写下所记住的数字。

记分方法

1. 参赛者从第一个数字按顺序开始写起，每按照顺序写对一个，得1分。

2. 一旦参赛者出现错误，记分停止。例如，如果参赛者写了127个数字，但第43个数字错误，那么记分记到第42个。如果参赛者回忆了200个数字，但在第一个数字就出现了错误，那么分数为0。

听记数字答卷（每行30个）

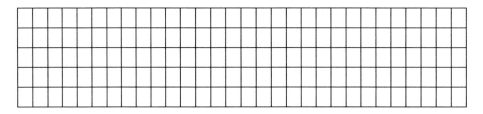

有兴趣的同学可以参加一些记忆力比赛，体味竞技的乐趣！不断挑战自己的脑力极限！

第九章

记忆挑战项目揭秘

CHAPTER 9

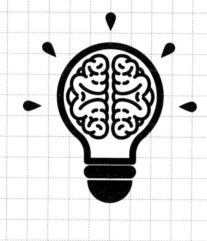

第一节　快速扑克

记忆素材： 扑克牌

项目规则： 国际评审随机打乱一副扑克牌（去掉大小王），两位挑战者同时记忆，记忆完毕，按下计时器。随后，在5分钟内完成复原，正确率高者获胜，如正确率相同，则用时短者获胜。

记忆方法： 扑克牌记忆涉及数字，有字母，有花色，看起来比较复杂，其实一般都把扑克牌转化为数字去记忆。

普通牌我们规定花色在前，数字在后；花牌我们规定字母在前，花色在后。黑桃有一柄，记成数字1；红桃有两半，记成数字2；梅花有三块，记成数字3；方块有四角，记成数字4。丁加一个尾巴，记成数字5；Q倒过来，记成数字6；K看一半，记成数字7。为了大家更直观感觉，见下表。

花色 点数	♠（黑桃）	♥（红心）	♣（梅花）	♦（方块）
1	11	21	31	41
2	12	22	32	42
3	13	23	33	43
4	14	24	34	44
5	15	25	35	45

（续表）

花色 点数	♠（黑桃）	♥（红心）	♣（梅花）	♦（方块）
6	16	20	30	40
7	17	27	37	47
8	18	28	38	48
9	19	29	39	49
10	10	30	30	40
J	51	52	52	54
Q	61	62	63	64
K	71	72	73	74

接下来我们进行一个模拟挑战：用刚才的方法记住下面一幅牌（去掉大小王）的前10张牌。

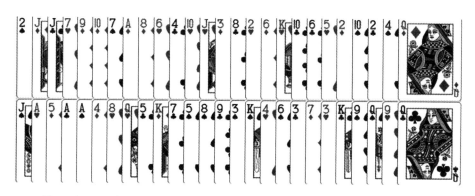

第一步，我们对照刚才的编码，将前10张牌转化成数字：12、54、53、27、49、40、17、41、48、26。

第二步，运用地点定位法记忆，看下图。

第三步，使用数字编码和定位法，将联想的故事放到地点桩上。

地点	数字	编码	故事
1椅子	12、54	椅儿、武士	一把椅儿在砸躺在椅子上（地点）睡觉的武士。
2柜子	53、27	乌纱帽、耳机	打开柜子，看到柜子里乌纱帽扣住了很多耳机。
3盆栽	49、40	湿狗、司令	一群湿狗在咬盆栽边的司令。
4楼梯	17、41	仪器、司仪	楼梯上滚下来很多仪器，打到了司仪。
5吊灯	48、26	石板、河流	吊灯上面绑住了一块石板，石板里流出很多河流里的水。

练习材料

请尝试自己找地点记住扑克牌。

第二节　让你成大牌

记忆素材：麻将

项目规则：两副麻将牌，除去花牌共272张，现场混合随机打乱。麻将操手4张一组呈现，每组呈现仅8秒，挑战者全程观察。

第一轮：挑战嘉宾随机设定一组成牌，挑战者须从所有牌中找出这14张对应的麻将牌。

第二轮：挑战嘉宾选择13张麻将牌，并使之处于听牌状态，挑战者须从所有麻将牌中寻找其中一种要听的牌，并将此牌8张全部找出。

第三轮：挑战嘉宾随机选择1~272中的任意区间，挑战者须一一报出此区间中所有的麻将牌花色。

三轮挑战两轮正确则挑战成功。

记忆方法：麻将牌看起来好像花色很多、很复杂，但我们同样可以把它们全部转化成数字，用数字对它们进行编码。

我们将它们全部转化后，见下表：

数字 ＼ 花色	饼（0）	条（1）	万（3）
1	10	11	13
2	20	21	23
3	30	31	33
4	40	41	43
5	50	51	53
6	60	61	63
7	70	71	73

（续表）

数字 ＼ 花色	饼（0）	条（1）	万（3）
8	80	81	83
9	90	91	93

其他牌我们就进行数字自定义，如下表：

花色	数字编码	花色	数字编码	花色	数字编码	花色	数字编码
东风	01	南风	02	西风	03	北风	04
春	21	夏	22	秋	23	冬	24
梅	25	兰	26	竹	27	菊	28
中	05	发（谐音8）	08	白（谐音0）	00		

　　如果把所有的麻将牌都记住了，三关挑战其实是很简单的，因为麻将牌记忆本质上还是记忆数字，记数字的方法可以参考前面章节。

练习材料

请尝试记忆10张麻将牌。

第三节　步步惊心

记忆素材：红绿板块

记忆规则：120个红绿板块组成"天桥"，红色危险，绿色安全。挑战者迅速观察并记忆不断下降的天桥上的板块，最后背身指挥嘉宾，踩踏安全线路通过天桥则挑战成功。

记忆方法：这个挑战项目运用的是二进制编码，即把绿视为0，红视为1（反之亦可）。如果把3个颜色排列作为一组，那么它们的排列组合一共有8种。然后我们可以把这8个排列组合用8个数字代替，最终形成以下对照表：

颜色	绿绿绿	绿绿红	绿红绿	绿红红	红绿绿	红绿红	红红绿	红红红
二进制	000	001	010	011	100	101	110	111
十进制	0	1	2	3	4	5	6	7

事实上任何只有两种不同元素的记忆，都可以用二进制编码，转化成数字记忆。

在这个项目中，比如前面30个色块分别是：红绿红、红红绿、红绿绿、红绿红、绿红红、红绿绿、红红红、绿绿红、绿红绿、绿绿绿。相应的数字就是5、6、4、5、3、4、7、1、2、0。

我们再把相邻2个数字看成一个两位数，对应的编码就是：56蜗牛、45师傅、34绅士、71鸡翼、20香烟，再利用定位法去记数字就可以了。

第四节 拆弹专家

记忆素材：9种颜色

项目规则：两国各选出一名脑力特工执行拆弹任务，在国际评审的监督下，制作了100枚炸弹，每枚炸弹由4种颜色组成，所有配色不重复，全部放置于炸弹墙上。左右两边各放置50枚，一边需要剪断红线，另一边需要剪断蓝线才能解除危险。记忆时间仅为5分钟，之后100枚炸弹将被评审打乱，并转移至拆弹桌。两名脑力特工，根据之前记忆，分别从左右两端进行炸弹拆除，拆除成功亮绿灯，拆除失败亮红灯。过程不可跳跃，直到两人碰面拆弹行动结束。安全拆除数量多者获胜，若相同则国际评审判断胜负。

记忆方法：我们可以把颜色转化为数字去记忆，见下表：

颜色	白	红	橙	黄	绿	青	蓝	紫	灰	黑
数字	0	1	2	3	4	5	6	7	8	9

例如炸弹上的4种颜色为红、绿、黑、白，对应的数字就是1490，选手只需要在大脑中准备50个地点，把对应颜色转化为数字编码去记忆，记忆难度大约是5分钟记200个数字。在拆炸弹的时候，回忆这个炸弹是不是自己记的，如果是就剪自己的线，如果不是就剪对方的线。

第五节　千变魔方

记忆素材：*魔方转动步骤*

项目规则：一个13阶的魔方，6面不同颜色，一共1014个格子，每个格子对应24节气中的一个。挑战者需要记忆魔方上的全部信息。挑战者记忆完成后，嘉宾将魔方旋转20次，各位挑战者盲听旋转口令，嘉宾在旋转完的魔方上随机指定20个格子作为题目，各位进行抢答。

记忆方法：我们这里只学习魔方的转动步骤记忆。先了解一下魔方的小知识：魔方分为横着的行和竖着的列，横行只能左右转动，竖列只能上下转动，转动的角度分为90度、180度和270度。将这些信息转化为如下编码：

旋转信息	左	右	行	上	下	列	270度	180度	90度
数字编码	1	2	3	4	5	6	7	8	9

例如：第3行向左旋转90度，对应的数字就是33（第三行）19（左转90度）；第5列向下旋转180度。对应的数字就是56（第五列）58（下旋转180度）。

从本章的5个挑战项目，我们可以总结出一个经验：大道至简，数字为王。数字记忆是所有记忆信息中最抽象的，掌握了数字记忆，就几乎掌握了记忆绝大部分信息的秘诀。电视节目中的很多项目都可以转化为数字记忆。如果你想让自己的记忆变得更好，一定要好好打造自己的数字编码，并不断训练以达到一个较高水平，这样用起来的时候才会得心应手！

第十章

如何学好记忆方法

CHAPTER 10

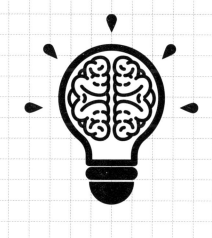

第一节　特级记忆大师覃雷篇

　　记忆不仅是学出来的，更是练出来的。每个人根据自己的记忆习惯可以找到一套适合自己的记忆系统。很多家长会有疑问，记忆力好就一定成绩好吗？

　　答案是不一定。成绩好的同学一定记忆力好，记忆好的同学却不一定成绩好。因为学习成绩受到多方面的影响，有记忆力、学习习惯、学习方法、思维能力、毅力，等等。

　　我相信掌握记忆方法，提升学习效率，养成好习惯并坚持下去就一定能提升学习成绩。

　　如何学好记忆方法，我这里有6点建议：

一、有目标

　　人如果没有目标就没有动力。人能走多高，取决于自己目标的大小。只有选准方向，才能持久、稳健地走下去，才有望达到"顶峰"。一个人没有目标，就像一艘轮船没有舵，只能随波逐流，最终搁浅在绝望、失败、消沉的沙滩上。

　　第一天学习记忆时，我就给自己定下一定要获得"记忆大师"称号的目标。正是因为有这样一个目标，我才在此后的训练中拥有无穷的动力，从而迎难而上，不断突破自己。

二、有计划

有了目标也要有计划。计划是为了目标而制订的具体行动安排，如每天需要完成什么，每周需要完成什么，每月需要完成什么。

这里提供一个周计划表给大家参考

日期	目标	完成情况	备注
周一	记500个数字	400个	记得太慢了
周二			
周三			
周四			
周五			
周六			
周日			

三、有行动

在教授记忆法的这些年里，有一部分人现场学习很触动，走在路上在晃动，回到家偶尔动一动，甚至有些一动不动。他们的爱好是做梦，这样的人注定一事无成。这里分享两句我训练时用来激励自己的名言名句，可以贴在自己训练的地方或者写在训练本上。

1. 心动很重要，行动更重要。

2. 技能是练出来的，办法是想出来的，潜力是逼出来的。

四、有结果

结果指的是某种条件或情况下产生某种结局，可能有好的结果，也可能有不好的结果。只要你行动了，就一定有结果。人生并不会总是一帆风顺，初期训练会遇到很多问题，不要气馁，你能做的就是勇敢地去面对它。

五、有总结

前面的4条你都做了，这一条不做，结果等于零。对于考试来说，分数是结果，分数可以反馈出很多的问题，我们在关注分数的同时，更应该去思考它背后反映的问题，多做总结。记忆同样如此，我们可以用世界记忆大师的标准来给自己打分，并做总结。优点可以继续保持，做得不好的点就加以改正。

这里说两点注意事项：

1.总结是写给自己看，帮助自己成长的，一定要实事求是，成绩不夸大，缺点不回避，更不能弄虚作假。

2.总结也是写给人看的，如果条理不清，人们就看不下去，即使看了也不知其所以然，这样就达不到总结的目的，所以一定要条理清楚。

六、有交流（反馈）

一个人可以走得很快，一群人才能走得很远。记忆的核心是联想，一个人联想的广度有限，只有一群人头脑风暴才能碰撞出源源不断的火花。你可以和同水平的人交流，也可以向比自己水平更高的人请教；可以把训练的好消息分享给自己的同伴，也可以反馈自己遇到的困难寻求解决办法。

最后送大家8个字："学好记忆，贵在毅力"。

第二节　国际记忆大师高强篇

一、树立目标

没有目标很容易"三分钟热度"。我在学习记忆方法的时候，目标很明确，就是一定要拿到"国际记忆大师"这个称号。同样地，如果你想要学习好记忆法，也可以树立一个目标。这个目标不一定是成为记忆大师，可以是你要学会哪些方法，达到什么记忆水平。比如：学会单词记忆的方法，要达到1个单元的单词20分钟就牢牢记住。

二、制订方案

我当初的目标是成为"国际记忆大师"，所以我就找到成为国际记忆大师的标准。我发现世界脑力锦标赛的10个项目中，有7个项目都是直接或者间接地用到数字记忆，所以得出记忆数字的水平是一切记忆速度提升的基础，如果数字记忆水平达不到标准，那拿到大师肯定没有希望。当时的标准是1小时至少准确记忆1000个数字，那么快速数字记忆至少需要达到5分钟240个全对的水平。

根据这一点，我将最开始3个月80%以上的时间用于数字记忆训练，其他项目暂时不用去训练，直到5分钟数字水平达到200以上。

三、落实执行

有了初步方案之后，就开始执行。数字记忆训练非常枯燥，分为读数、联结，记忆三个部分。读数就是看到数字反应数字编码，开始可能会很慢，一页1000个数字，读完可能半个小时，慢慢练习到十几分钟、10分钟以内，再到五六分钟。随后是训练两个编码的联结，即两个编码相互作用并形成图像，每个编码定义好主动作用的动作，以及被动受作用的点，再不断熟悉这些动作。这一切训练就是要让编码成为我的本能反应，这样才能达到快速和准确记忆的效果。

四、学会冥想

冥想有很多好处，它能让人更加健康、减轻抑郁、消除焦虑、缓解压力、审视自我等。它还能增强你的注意力和记忆力。很多人以为冥想很难，其实超级简单，接下来我就简单讲一下。

1. 设置一个冥想的闹铃，开始建议时间控制在5~15分钟。

2. 找一个安静无风的环境，坐着或者躺着，腰部要挺直，然后闭上眼睛。

3. 把所有的注意力集中在自己的呼吸上，保持全身放松的状态，就像睡觉时一样。

4. 然后进行自然的呼气、吸气，一直把注意力集中在呼吸上，在呼吸时可以找一个比较敏感能关注呼吸的部位，如鼻腔或者胸腔。在这个阶段，你会发现此时的大脑根本不受你控制，会出现各种各样的想法和念头。不要在意这些，任它来，任它去，直到手机闹铃将你唤醒。

5. 冥想时你的大脑是在做锻炼的，而且在这个过程中注意力涣散是很正常的。大脑就是在失败—集中注意力—失败—集中注意力中，慢慢进行锻炼的。所以不要气馁，继续把注意力拉回呼吸。

6. 冥想初期你可能会觉得非常难熬，5分钟可能感觉上有半小时，会有立刻结束的冲动。所以初期不要给自己很大的压力，从5分钟开始，再根据自己情况增加时间。

7. 当你能做到冥想15分钟时，你可以进行更高质量的挑战。你可以尝试在不同场所进行冥想的锻炼，如在火车、飞机上进行冥想。

8. 你可以在冥想过程中扫视自己的身体。可以从右脚掌开始，扫视到大腿根部，然后向上扫视到脊椎，再从右肩到右手。右手扫视完，再从右手回到右肩，从右肩过渡左肩，然后到左手。左手扫视完，再回到左肩，再从脊椎下去，扫视到大腿根部，再扫视左脚掌。

9. 在扫视自己的身体时，很可能觉得某个部位不太舒服，这是对自己的一个小挑战，一旦你能接受这个不舒服的感觉，不被影响注意力，那么你就可以很好地控制自己的意念了。

10.冥想的最终目的，就是随时随地地将自己的注意力集中起来，并且保持注意力更长时间的集中。

五、 保持运动

在世界记忆锦标赛中，有两个长时项目，基本一坐下来就是3小时以上，那就是马拉松数字记忆和马拉松扑克牌记忆。

如果我们的身体健康情况不佳，是很难坚持下来的。况且每次比赛会消耗大量的能量，这些都需要一个健康的身体作为支撑。

我的锻炼方法是在操场跑步，一般是晚上9~10点，跑完回去休息一会儿，再冲个热水澡，然后要么看会儿书，要么开始冥想，很容易就入睡了。运动是一个很好的改善睡眠质量的方式。

六、补充营养

国际记忆大师中鲜有肥胖的人，在训练期间几乎不可能长胖，因为每天能量消耗很大，所以要想记忆力好，还要多吃有营养的食物。比如奶制品、豆制品、蛋类、鱼类、瘦肉等一些富含优质蛋白的食物，它们能提供人体必须的氨基酸。我习惯早上喝一袋纯牛奶，有时候晚上睡觉前一个小时喝一袋热牛奶来补充营养。

七、作息规律

要给自己制订一份生活时间计划，如果你刚好在上学，那么作息时间就不用考虑了，严格按照学校规定的时间来就是最好的。如果在上班或者自己能自由支配时间，那么建议在11点以前睡觉，最晚不能超过12点，熬夜更不可取，会极大地损害脑细胞。如果有午睡的习惯，控制在20~30分钟就好，睡长了时间反而会影响下午的状态。

如果平时久坐，可以给自己设置一个闹钟，每隔一个小时起身活动2~3分钟。

八、设置奖励

人有时候需要一定的激励，当我们达成某个目标后，可以给自己一些奖励，这样我们又会产生更多的动力去完成目标。我们将大目标分解成小目标，以周为单位考量，例如这一周的最好训练成绩有没有突破上一周的成绩，有的话就奖励自己休息半天，去看一场电影或者买一个自己喜欢很久的东西。

同样地，我们在学习中也可以设定奖励的目标和规则，可以是一周、一个月或者三个月。时间间隔越长，奖励也应该越大。建议最小的奖励控制在一个月内，完成个小目标就给自己奖励。

九、找到对手

有时虽然有一个明确的目标，但仍然会松懈，或者进展缓慢，这时候可以找一个竞争力强的对手，最好是比你强一个级别，不断去追赶他，这样不知不觉中就会有很大的进步。成功需要朋友，伟大需要敌人，而你想进步更快，需要一个竞争对手！

十、复盘反思

复盘才能翻盘，复盘是让自己快速成长最有效的方式。这个习惯并不仅可用于学习，在日常工作或者我们关注的任何一件事情中，我们都可以进行复盘。复盘的时候，我们要有深度、有反思、有行动、有跟进。

有的人可能说，我不知道怎么去复盘才是好的，下面提供给大家3种复盘的模板，大家选择适合自己的。

【见行省悟】四字复盘

见识：我今天因为哪些事情，自己又增长了哪些见识？

行动：我今天做了哪些行动，有哪些收获和经验总结？

反省：我今天反省了什么，遇到哪些问题，我或者别人怎么解决的？

悟道：我今天有哪些心得感悟，悟到了哪些道理？

【七子】复盘

脑子：今天做了什么升级了自己的大脑？

例子：今天做了什么提升了自己的工作或专业能力？

圈子：今天做了什么升级了自己的圈子？

票子：今天为了个人财富做了哪些行动？

身子：今天为了身体健康做了哪些行动？

家子：今天做了哪些关注家人的事情？

日子：今天的时间有哪些是有价值的，哪些是被浪费的，要怎么改进？

【人事学问】复盘

人：今天和哪些人交流了，有什么收获和想法？

事：今天做成了什么事，有什么经验，做得好的是什么，哪些地方还可以做得更好？

学：今天我从书中、网上或者什么课程中学到了哪些知识？

问：今天思考或者发现了哪些问题，怎么样解决的或者有什么答案？

这些复盘的方法大家可以用起来，在这里也跟大家再次强调：复盘才能翻盘，复盘是让自己快速成长最有效的方式。

第三节　国际记忆大师张哲篇

在讨论如何学好方法之前，我们先想一想自己为什么要做好这件事情。有的人可能是最近在准备一个考试，需要背诵大量的内容，因此急需快速记忆的方法。有的人可能出于兴趣，希望自己能够掌握一门技能。对于笔者来说，当初学习记忆法的原因是希望把它当成事业，在这条路上一直走下去。

为了实现这个目标，我辞去了国企的工作进行脱产训练。最终花了一年时间拿到了"记忆大师"的证书，并且正式踏入了记忆行业。而支撑自己走下去的，正是内心坚定的目标。所以在开启系统的记忆训练之前，先想好为什么要踏上这条路。

记忆术有点类似体育，区别在于记忆术训练的是大脑，体育训练的是身体。体育训练里面的一些基本规律可以给到我们很好的启发：任何一项体育运动，最开始都是从基础动作开始，把基础动作掌握后不断重复训练，在训练的过程中纠错，不断改进技术，从而实现水平的提升。记忆也一样，在最开始，大家学习的是基础的编码，再进入正式的训练阶段。训练中会遇到很多的问题，在不断地解决问题的过程中，记忆的能力也会不断提升。

我第一次接触记忆方法的时候，看到一个简单的词语都要想半天才能出图，现在看到任何一个词语，一段话或者其他类型的信息，都能在很短时间内想象出图并且记下来。这个能力怎么练出来的呢？答案很简单，就是不停地运用记忆法背书。

2019年，为了准备比赛，我背诵了《大学》《弟子规》《道德经》《论语》《鬼谷子》《易经》等多本书籍。当时挑战的第一本是《弟子规》，这本书1000字左右，相对比较容易理解，我用地点法花了一个星期左右的时间背了下来。第二本书是《大学》，约2000字，花了差不多3个星期。背完这两本书之后，我信心大增，开始挑战《鬼谷子》，这本书非常拗口，不过好在字数不多，5000字左右。开始的时候，我预估只用一个月，结果花了3个月才磕磕绊绊背了下来。《鬼谷子》背完之后挑战的是《道德经》，同样的5000多字却只花了一个星期，原因就在于我的联想能力通过背诵前面的几本书已经得到了很大幅度的提升。果不其然，后面的《论语》16000字也只花了半个月，因为联想能力练出来了，看到一段文字脑海中很容易就能出现画面。所以学习记忆法最重要的一步就是运用，在运用的过程中发现问题并解决问题，你会发现自己的联想和记忆能力也在这个过程中不知不觉得到了提高。

大家在初学的时候还有可能遇到一个问题：学的方法太多，在背诵的时候不知道选择哪一种比较好，最后不了了之。其实所有的记忆方法归结起来可以分为三大类：故事法、绘图法和定位法（地点法）。

我们可以回想一下之前学的记串联记忆数字、记词语、记忆生僻字或者是记忆单词，本质上都是编一个小故事，这个方法适用于零散信息的记忆，且记忆量不宜过大。画一张图记忆古诗或者短篇古文、思维导图、记忆万能公式等都可以归类到绘图法当中，适用于中等篇幅的内容。最后的定位法适用于所有类型信息的记忆，尤其是长篇。

这三个方法本质上也是相通的，把其中一种方法练好，其他的自然一通百通。我最开始只用定位法背书，后来运用故事法或者绘图法的时候，非常容易就上手了，原因就在于此。所以对于各位读者来说，前期不一定要把所有的方法都用上，先挑一两个自己喜欢的方法，把它们练到一定程度后再尝试其他方法会更简单。

所以总结下来，学好记忆法有三大点：

1.有明确的目标，知道自己为什么要学好它。

2.方法在于精不在于多，选择适合自己的即可。

3.保持训练，只有持续不断地练习才能真正提升能力。

附录 1　数字编码（1）

00	01	02	03	04
05	06	07	08	09
10	11	12	13	14
15	16	17	18	19
20	21	22	23	24
25	26	27	28	29

30	31	32	33	34
35	36	37	38	39
40	41	43	43	44
45	46	47	48	49
50	51	52	53	54
55	56	57	58	59
60	61	62	63	64

65	66	67	68	69
70	71	72	73	74
75	76	77	78	79
80	81	82	83	84
85	86	87	88	89
90	91	92	93	94
95	96	97	98	99

附录 2　数字编码（2）

0	1	2	3	4
5	6	7	8	9

附录3 字母编码

a	b	c	d	e
f	g	h	i	j
k	l	m	n	o
p	q	r	s	t
u	v	w	x	y
z				